はじめに

山元正博（以下、正博）「皆さまこんにちは。鹿児島の種麹屋の3代目、山元正博です」

山元文晴（以下、文晴）「その4代目、山元文晴です。医者ですが、麹の世界に戻ってきました」

正博「麹と発酵というと、皆さん何を思い浮かべますか？　やはり身近なのは、調味料としてメジャーになった塩麹でしょうか」

文晴「あとは甘酒じゃないですか？　女性にはだいぶ良さが知られていますよね」

正博「確かに塩麹も甘酒も、麹を体に摂り入れる方法としてはいいよね。何よりも美味しいですし。ただ、**実は麹と発酵には、皆さんが想像する以上の力が備わっているんです**」

文晴「はい。**美容と健康にハッキ**

山元正博

やまもと・まさひろ●農学博士。(株)源麹研究所会長。鹿児島県で100年続く麹屋の３代目として生まれる。東京大学農学部から、同大学院修士課程（農学部応用微生物研究所）修了。卒業後、(株)河内源一郎商店に入社。1990年に観光工場焼酎公園「ＧＥＮ」を開設。チェコのビールを学び、1995年に誕生させた「霧島高原ビール」は、クラフトビールブームの先駆けに。1999年「源麹研究所」を設立。食品としてだけでなく、麹を利用した食品残渣の飼料化や畜産に及ぼす効果などの研究を続け、環境大臣賞も受賞している。

リとした効果がある、というデータがたくさん出ています」

正博「それなら女性の方向けか、と思うでしょうが、男性の皆さん、実は髪にも効くんですよ」

文晴「医師としても自信を持って言えるのですが、高血圧や高血糖などの、いわゆる**メタボリックシンドローム対策としても優れています**」

正博「麹と発酵食品は日本人の身近にあり過ぎて、その働きが科学的に検証されることはほぼ皆無でした。でもね、麹の力はすごいんだよ」

文晴「はい、僕も途中まで、こんなにすごい物だとはまったく知りませんでした」

正博「**美容や健康といった体に対する働きだけではなく、実は環境問題にも貢献できる**んです。このすごさをもっと皆さんに知ってもらいたい、そして麹を食べたり、使ったりしてもらいたいと思い、この本を作りました。**麹の世界に驚いてください**」

山元文晴

やまもと・ぶんせい●医師。山元正博を父に持つ、鹿児島の麹屋の4代目。東京慈恵会医科大学医学部卒業。独立行政法人国立病院機構 鹿児島医療センターで臨床研修医として、鹿児島大学医学部外科学第二講座では心臓血管外科、消化器外科を専門として従事する。医師として患者さんに向き合う中で医療における麹の可能性に気づき、故郷に戻り錦灘酒造株式会社に入社。その後、東海大学大学院医学研究科先端医科学専攻博士課程を修了、医学博士号を取得し、現在に至る。麹が体に及ぼす働きの臨床例を増やすため、研究中。

麹親子の発酵はすごい！　目次

CHAPTER 2

麹には驚きの健康・美容効果があった！

担当：麹先生・山元文晴

CHAPTER 3

麹なら"美味しい"と"体にいい"が同時に手に入る!

担当:麹博士・山元正博
担当:麹先生・山元文晴

CHAPTER 4

麹でサステイナブルな暮らしを実現しよう

担当：麹博士・山元正博

親子対談　麹の力に魅せられて……178

STAFF

デザイン……………………本橋雅文(orangebird)
イラスト……………………………………中根ゆたか
編集協力………………斎藤真知子、出雲安見子

CHAPTER
1

麹は、微生物から人類への最高のギフト

担当：麹博士・山元正博

麹は食べ物として
人間の免疫力アップに
役立つのはもちろん、
汚染が進む地球環境を救う
可能性をも秘めています

今こそ、日本古来の麹の力に注目を

皆さん、はじめまして。生まれた時から麹と共に生きてきた、鹿児島の「種麹屋」の3代目、山元正博と申します。

皆さんは、麹を食べていますか？　皆さんにとって身近なのは、味噌や醤油、焼酎や日本酒などの原料としての麹でしょうか。たいていの日本人は、育ってくる過程のあちらこちらで麹を口にしていると思います。ところが最近では、味噌の個人消費量だけを見ても減少する一方で[*1]、麹がだんだん食べられなくなってきています。

これは実は大変な事態です。

なぜなら**我々日本人は、自分たちでもまったく気づかぬ間に、麹の力の恩恵をずっと受けてきた**からです。麹は長い間、**体作りの大事な素材のひとつ**であり、**健康を支えてきた立役者**、なんですよ。

＊1
参照　全国味噌工業協同組合連合会『都道府県庁所在市別、1人当たりのみそ購入数量（g）〈全世帯〉平成12〜22年』

昔は麹が体にどのような作用を及ぼすのか、ということを真剣に研究されていなかったし、調べる技術にも限界がありました。

でも私は、麹一筋の家に生まれ、子どもの頃から麹作りの工場で育った人間として、麹の力を目に見えるきちんとした形で証明したいと考えていました。

そして、手探りながらも様々な分野の実験、実践を続けてきたのですが、やはり麹は、ものすごいパワーを持っているということが次々とわかってきたのです。

詳しくはこれからご説明していきますが、例えば**麹には、免疫力をアップする作用**があります。**農薬の成分や、放射能をデトックスする力**も持っています。

これらはみな、「そんな気がする」という個人の感想などではなく、きちんとデータとして結果が出ていることです。

東京電力福島第一原子力発電所事故があり、新型コロナウイルスなどの脅威にさらされている日本人には、必須の食べ物なのです。

人間の体に対してだけでなく、畜産業の動物に対しても、さらには土壌に対しても素晴らしい作用をもたらしてくれます。地球の環境問題も、麹を利用していくことで解決できることがたくさんあります。

ずっと麹を研究している私ですら、麹のポテンシャルに驚かされる日々ですし、「なんて不思議な生き物だろう」と驚嘆しています。まだまだ解明しきれていない部分があるんです。


いちばん不思議な点は、「麹は主役じゃない」という点です。

麹は、「俺が全部変えてやるぜ！」と一人で活躍するのではなく、麹のことを好きな仲間をどんどん引き付けて、その仲間の活躍で、結果的に人間や動物、地球にもよい結果をもたらすのです。


「共生」の力を証明する存在、それが麹なんです。


麹は人類に対してもたらされた最高のギフトなのです。

そんな存在が日本で生まれ、先人たちが麹を利用する技術を磨き、育て、伝えてきたことを誇りに思い、もっともっと麹の力を知ってもらい、利用していってもらいたい。

それが麹屋としての私の強い願いなのです。

そもそも麹って何？　どんな種類があるの？

さて、麹、麹と言っていますが、実際はどんなものなのか、を正確に理解している方は意外に少ないのではないでしょうか。「麹」、「酵母[*2]」、「酵素[*3]」がすべて同じもののようなイメージでとらえられているきらいもあります。

ここでは麹についてのみ、詳しく説明いたします。

麹とは、麹菌という微生物のこと。そして**麹菌は、カビの仲間**です。

「え？　カビなんて食べて大丈夫なの？」と思われるでしょうが、大丈夫だということは、日本の一千年以上続く歴史が証明していますね。なぜ大丈夫なのか、は次の項でご説明します。

そして、蒸したお米に麹菌を生やしたものを「米麹」と呼びます。麦に生やせば「麦麹」、豆に生やせば「豆麹」です。

日本には様々な麹菌がありますが、お酒に関わる代表的な麹菌が次の3種です。

＊2
酵母：微生物の一種。発酵という「酵母が糖を食べ、アルコールと二酸化炭素（炭酸ガス）を出すプロセス」を利用して、人間はアルコールやパンを作っている。

＊3
酵素：生き物ではなく、生き物の体の中で何かを分解する触媒として働く分子。消化・代謝に関わるので、すべての生き物に必須の存在。

麹プロフィール

ふりがな	こうじ きん
名前	**麹菌**
所属	カビ（菌類）
居場所	空気中どこでも。 温暖で湿度も高いところ。
仕事	でんぷんやたんぱく質にくっついてそれを食べ、酵素をたくさん出し、その酵素で元の物質を分解する。
大きさ・形	5～10μmの幅の菌糸が直鎖状に10cm以上の長さにまで伸びる。さらに菌糸と脚細胞という土台から、細長い胴体のような分生子柄がつながり、その先端に丸い頭のような頂嚢がある。そこからタンポポの綿毛のような、フワフワした胞子を付ける。
好きなもの	米・麦・大豆・パンなど
元気な時	気温：30～40℃　湿度：60％以上

ファミリー構成

黄麹

ニホンコウジカビ。主に日本酒（清酒）や甘酒造りに使われる。明治時代まではこの麹しか使われていなかった。

黒麹

アワモリコウジカビ。起源は沖縄。河内源一郎が分離、培養した泡盛黒麹菌は、主に沖縄の泡盛と一部九州の焼酎造りに使われる。

白麹

カワチキンシロコウジカビ。黒麹菌の突然変異で誕生。黒麹の特徴は持ちつつ色や香り、味のよい焼酎ができる。九州のほとんどの焼酎造りに使われる。

その他の兄弟たち

- ショウユコウジカビ→醤油
- 青カビ→ブルーチーズ
- カワキコウジカビ→かつお節
- 紅コウジカビ→豆腐よう

・黄麹…主に日本酒や甘酒を造る時に使われる／クエン酸は作らない
・黒麹…主に焼酎や泡盛を造る時に使われる／クエン酸を作る
・白麹…主に焼酎を造る時に使われる／クエン酸を作る

実はこの中の黒麹のひとつと、白麹というものが、私の祖父、河内源一郎が発見したものなのです。明治時代頃までは、お酒を造るために使われていた麹は黄麹しかなく、[*4]焼酎も黄麹で造っていました。

しかし鹿児島は暑い場所で、当時は冷蔵設備もなかったため、ある年に杜氏たちに「黄麹で造った焼酎が腐ってしまう」と相談されました。そこで祖父が目をつけたのが、沖縄の黒麹なんです。「沖縄は鹿児島より暑いのに、ちゃんと泡盛ができてるじゃないか」、と気づいたんですね。

そこで調べたところ、沖縄の黒麹はクエン酸を作ることがわかった。クエン酸自体に防腐作用があるため、これを導入しよう、となったわけです。

そこで祖父は泡盛の麹を取り寄せ、黒麹の実験・研究を続けました。そして明治43年に、泡盛の麹菌から焼酎に一番適した「泡盛黒麹菌」を培養することに成

＊4
昔の日本酒や焼酎造りに使われていたのは黄麹だけだった。黄麹菌と呼ばれる菌種は多数ある。クエン酸はほとんど作らないため、味噌、醤油そして寒冷地で造られる日本酒によく使われていた。

功したのです。芳醇な香りと、どっしりとしたコクと旨味が美味しい焼酎ができるということで、「泡盛黒麹菌」を使った焼酎が九州全土に広まりました。

しかし祖父はそこで満足せず、この「泡盛黒麹菌」で造った焼酎は味の癖が強いので、もっと万人受けするものは作れないかと、さらに研究を続けていました。そして大正13年に、培養中のシャーレに見慣れない淡褐色のカビが繁殖しているのを発見し、それを培養してみることに。

そのカビを使って焼酎を造ってもらうと、「泡盛黒麹菌」で造ったものよりも香りがよくまろやかで甘口の、美味しい焼酎ができたのです。しかも、黒麹と同様にクエン酸を作るけれど、色は黒くならないという特徴を持っていました。

黒麹菌の突然変異によって誕生した新種の麹菌。

これが、祖父が発見した「河内《かわち》菌《きん》白麹《しろこうじ》」です。

ここで、**現在の清酒や焼酎造りに欠かせない、黄・黒・白の麹菌が出そろった**というわけです。

海外へ持って行ったら入国拒否!? でも実は毒性遺伝子がない奇跡の微生物

麹とはカビのこと。では、なぜ食べても大丈夫なのか?

日本人は毎日のようにお味噌汁や醤油、お酒など、麹の入ったものを口にしていますね。それを一千年以上続けてきたわけですから、問題ないことがわかります。もし麹が毒であれば、口にした人はどんどん死んでいくはずですから。

また、お国は違いますが、ブルーチーズという青カビをつけたチーズ、中国や沖縄が起源で、黄麹や紅麹をつけた豆腐ようという食べ物もあります。昔から、麹や他のカビをつけた物を食べているのです。世界のあちこちで人間はトライ&エラーを繰り返して、その経験則から食べても大丈夫と判断してきたんですね。

しかし、日本の麹が大丈夫なハッキリとした理由が、今はわかっています。

近年、ゲノム解析、遺伝子解析ができるようになってから、麹菌の遺伝子を突き詰めて研究したところ、「日本の麹菌には遺伝的にカビ毒を出す遺伝子がない」、ということがわかったのです。

通常カビというものは、人間の体に悪影響を及ぼす毒性を持っている物が多いのです。ところが麹菌には、まるで遺伝子変換をしたかのごとく、レギュレーター[*5]やイニシエーター[*6]などの部分が欠損していたり、またはいわゆるカビ毒を出す遺伝子そのものがないのです。この結果には本当に驚きました。

実は沖縄の黒麹には、一部に毒を持っている物があります。ただ、祖父、源一郎が発見した「泡盛黒麹菌（河内菌）」には、毒性がないことがわかっています。でも「毒性を出す遺伝子がない」ということがわかったのは最近のことで、私たちが最初に海外に麹菌を輸出した時には大変に苦労しました。なぜか。

黄・黒・白の麹をそれぞれ、ラテン語の学名で言うと、こうなります。

- **黄麹…アスペルギルス オリゼー**
- **黒麹…アスペルギルス リュウキュウエンシス ヴァルカワチ**
- **白麹…アスペルギルス リュウキュウエンシス ミュータエンシスカワチ**

＊5 遺伝子（群）の働きを調節する作用を持つ因子のこと。

＊6 発がんの最初のステップを司る因子。

日本では生活に欠かせない「アスペルギルス」ですが、海外では病原菌の代表のように思われています。というのも、ダイオキシンの数十倍の毒性と言われる「アフラトキシン」[*7]という毒があるのですが、この「アフラトキシン」を出すカビの学名が「アスペルギルス フラバス」なのです。

なんだか聞き覚えがありますね？（笑）

そうなんです、麹の学名にもすべて「アスペルギルス」と付いているため、海外の研究者から見ると「毒を持つカビじゃないか！　そんなものを持ち込むな！安全性を証明しろ！」となってしまったんです。

しかも、その「アスペルギルス フラバス」と、黄麹の「アスペルギルス オリゼー」が作るコロニーの形までもがとてもよく似ていて、人間の目では区別できないということもあり、かなり困りました。

しかし、麹を毒と認定されてしまっては、日本の伝統的な食べ物やお酒が造れなくなったり、輸出もできなくなってしまい大打撃です。

そこで、国が総力を挙げて研究者に麹菌の遺伝子を解析させたところ、最終的に毒を産生する遺伝子がなくなっている、持っていない、ということが明らかに

＊7
アスペルギルス フラバスというカビが作る毒。大量摂取すると急性肝機能障害を起こしたり、肝細胞癌を引き起こす。現在日本では、すべての食品から総量が10μg／kg以上検出されてはいけないと決められている。

なったのです。ああよかった（笑）。

かなり似ているカビなのに、一方は致死性の毒を作り、麹菌は毒を作らない。

本当に不思議なことですが、事実です。

しかも日本では、お酒は西暦８００年より少し前、飛鳥時代から奈良時代頃にはすでに、麹で米酢のようなものが造られていたり、醤油や味噌の原型が造られていたと言われています。きっと初めは、フワフワとその辺を飛んでいる麹菌がお米にくっついたところから始まったのでしょう。実際、私の祖父は竹筒に培養液を入れたものを林の中につるして、麹菌を探していたようです。

昔の日本人は遺伝子のことなど知らなくても、「食べ物にカビがつくけれど、なぜかそれが味を美味しくしてくれる」「なぜだか美味しいものができる」ということを理解し、そのカビと上手く付き合い、良く利用する方法を模索、研究、実践しながら、麹菌による豊かな食文化を育んできたのですね。

日本人はすごい！　と思うとともに、麹菌という物は、本当に神様からの恵みだなあ、と思います。

切っても切れない麹と日本の食

日本人は麹菌と上手く付き合う方法を見つけ、様々な食べ物やお酒を造ってきたわけですが、麹を使って作る物にはどんなものがあるでしょうか？　結論から言うと、日本のお酒と和食に使う調味料のほとんどは、麹を使って作られます。**日本食＝麹、と言っても過言ではありません**。出汁の素となるかつお節も、作る時にはコウジカビの仲間を使います（納豆を作る時に使われるのは、カビではなく細菌なので、別と考えます）。

もちろん、何かに麹菌が生えただけのものをただ食べたり飲んだりするわけではなく、それを使って他の物と合わせたり、発酵というプロセスを経て、なのですが（発酵については34ページからご説明します）、どの調味料もお酒も、麹がなければ作れません。ユネスコ無形文化遺産[*8]にも登録された「和食」は、麹がいなければ生まれなかったのです。「国菌」[*9]に認定されたのも当然ですね。

＊8
2013年、「自然を尊ぶ」という日本人の気質に基づいた「食」に関する「習わし」が、「和食；日本人の伝統的な食文化」と題し、ユネスコ無形文化遺産に登録された。

＊9
日本醸造学会が2006年に、「麹菌」を「国菌」として認定。この「麹菌」には、黄麹菌、醤油麹菌、黒麹菌、白麹菌が挙げられている。

麹を使って作る代表的な食べ物・飲み物

味噌

主な材料

米麹または麦麹、大豆、塩

日本酒

主な材料

米麹、米、水

みりん

主な材料

米麹、もち米、米焼酎または醸造用アルコール

醤油

主な材料

ショウユコウジカビ、大豆、小麦、塩、水

焼酎

主な材料

米、麦、芋などの原材料、黒麹や白麹、水

かつお節

主な材料

かつお、カワキコウジカビ

穀物酢

主な材料

米、穀物、果物などの原材料、麹、水

甘酒

主な材料

米麹、米、水

九州の焼酎ブームは河内菌から種麹屋、麹バカ4代の道のり

さて、黒麹菌と白麹菌のところで何の説明もなく私の祖父の話をしてしまいましたが、改めて簡単に我が家と麹の関わりを説明させていただきます。

祖父の河内源一郎は元々味噌・醤油屋に生まれたため、「発酵」や「麹」に親しんで育ちました。そして大学卒業後に大蔵省の職員となり、鹿児島・宮崎・沖縄の味噌・醤油・焼酎の製造指導[*10]にあたる任務についたのです。主な業務は、各地の焼酎蔵や味噌醤油蔵を訪問して製造指導をすることでした。**実際に、現在の焼酎製造法のほとんどは祖父が確立したもの**です。当時の焼酎は腐造が多く、これでは酒税が取れません。そこで、安全に焼酎を造る方法を検討する必要がありました。その過程で、麹菌について熱心に調べていたところ、**沖縄の〝むしろ麹〟から「泡盛黒麹菌」を発見し、さらに「河内菌白麹」の発見に至った**のです。

「泡盛黒麹菌」を使った焼酎は〝ハイカラ焼酎〟と呼ばれて大人気になり、瞬く

*10 大蔵省の技官として入省し、熊本税務監督局へ赴任した。日本酒や焼酎の売り上げから酒税を取るため、醸造業の管轄は税務監督局、現在は国税庁が担っている。

間に九州全土に普及しました。

その後「河内菌白麹」を発見し、その香りや味の美味しさで、初めは黒麹菌で満足していた杜氏さんや酒造家さんたちをも惹きつけ、だんだん「河内菌白麹」も使われるようになりました。**昨今の全国的、世界的な焼酎ブームは、「河内菌白麹」によって広まった**と言えるのです。皆さんもなじみのある色々な焼酎には、「河内菌白麹」が使われている物が多いんですよ。

そして祖父は昭和6年に大蔵省を辞めて「河内源一郎商店」を設立し、「種麹」の製造販売をスタートするのです。

そんな経緯から**祖父は、「麹の神様」と呼ばれています**。

しかし祖父は66歳で急死してしまい、自分の息子ではなく、私の母と結婚した父、山元正明が跡を継ぐことになりました。

ところで少し話が飛びますが、皆さんは「種麹」とは何のことかわかるでしょうか？　一般的には、蒸した米に種麹をまぶして3日間培養したものを麹として使っています。この麹をさらに5日間培養すると表面に黄色や黒、茶色の胞子が付いてきます。これが麹菌の種です。「種麹」とは、「蒸したお米に麹菌をまぶして、表面に麹菌の胞子を着生させたもの」のことです。

焼酎にしろ日本酒にしろ、まずこの「種麹」がないと作り始められません。ということは、お酒を利用して作るお酢や、米麹を使って作る味噌やみりんも作れません。**「種麹」が和食の根幹にいるわけ**です。

その「種麹」を作ることが、我が家の事業。父はその事業を継いだわけですが、祖父が種麹造りのレシピも何も残していなかったので、ゼロから手探りで造ることになりました。

父もまた元々微生物培養の研究者であり、いきなり携わることになった種麹造りでしたが、試行錯誤しながらもどうにか工夫して軌道に乗せ、最終的に、「河内式自動製麹装置」という機械の装置を発明しました。

種麹造りで最も大変で難しいのが長時間の温度管理なのですが、その管理を自動でできるようにした画期的な装置です。これが大当たりし、一時期は九州の8割の焼酎工場が使っていたようです。現在もあちこちで使われています。

また父は、種麹造りを行いながらも、興味は「いかにして美味しい焼酎を造るか」ということでした。その興味から「もろみ[*11]（焼酎の原液）」を研究し続け、

＊11　種麹に水と酵母を混ぜ、発酵させた焼酎の原液となるもの。

「種麹」はこうして造る

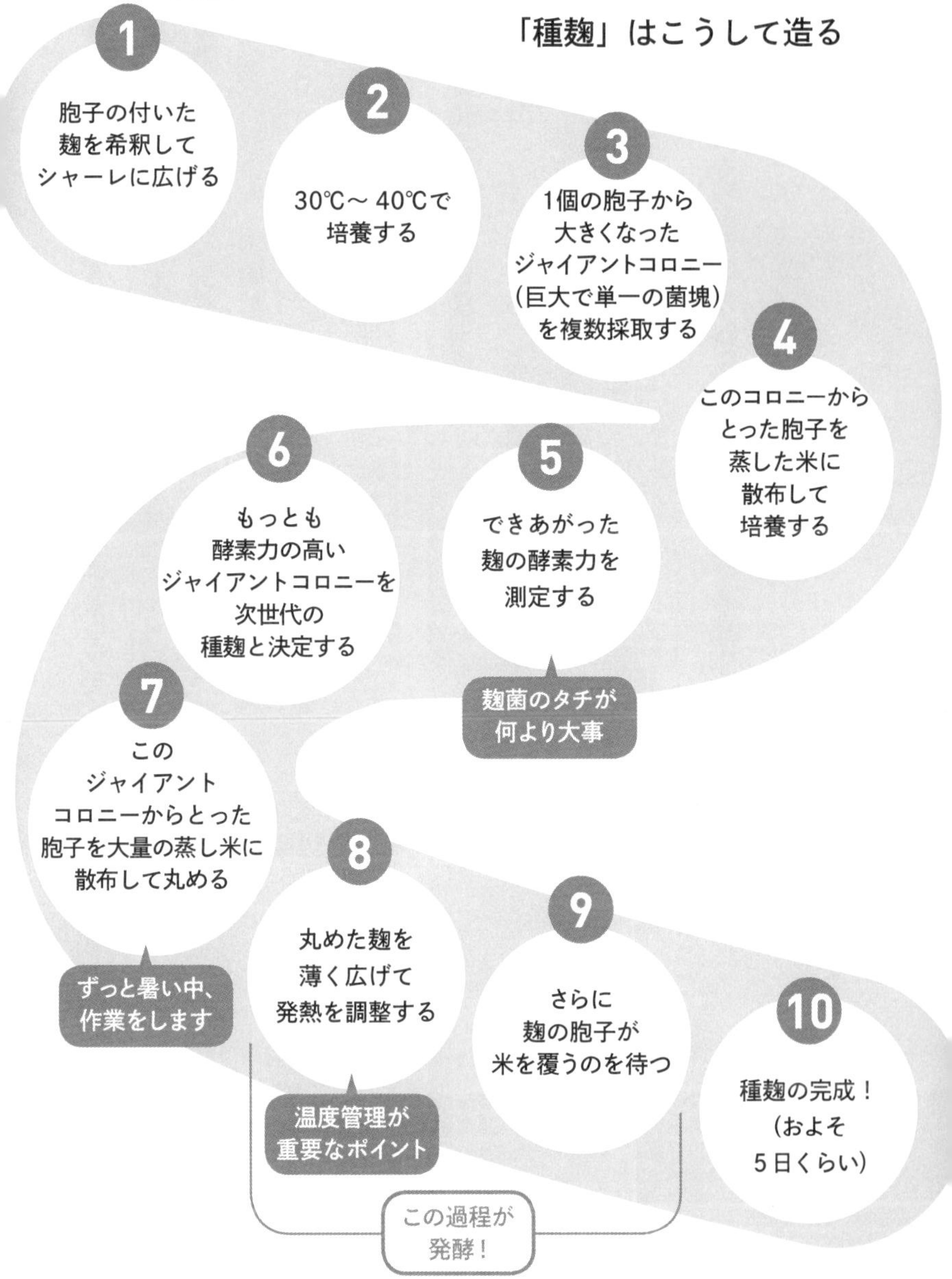
1 胞子の付いた麹を希釈してシャーレに広げる
2 30℃～40℃で培養する
3 1個の胞子から大きくなったジャイアントコロニー(巨大で単一の菌塊)を複数採取する
4 このコロニーからとった胞子を蒸した米に散布して培養する
5 できあがった麹の酵素力を測定する
麹菌のタチが何より大事
6 もっとも酵素力の高いジャイアントコロニーを次世代の種麹と決定する
7 このジャイアントコロニーからとった胞子を大量の蒸し米に散布して丸める
ずっと暑い中、作業をします
8 丸めた麹を薄く広げて発熱を調整する
温度管理が重要なポイント
9 さらに麹の胞子が米を覆うのを待つ
この過程が発酵！
10 種麹の完成！(およそ5日くらい)

最終的に、香りがよくアルコール生産量も素晴らしい酵母[*12]を発見しました。

ある杜氏さんから「他と差別化のできる新しい種麹を開発してほしい」と懇願され、社員たち総がかりで研究し、白麹の軽快さを持つ新たな黒麹菌[*13]も発見しました。そんな風に**父はとにかく焼酎一筋で、「焼酎の神様」と呼ばれました。**

さて私はそんな中どうしていたのでしょう。私は高校時代に「やはり将来は麹に携わっていきたい」と決意し、また、祖父が最期に言い遺した、**「河内菌の力はこんなもんじゃない」**という言葉を実証したいと強く思っていました。

なぜなら、大学へ進み、憧れていた発酵菌類の大家の研究室へ入った直後に、先輩から「もう麹は終わった学問だよ」と言われ、悔しい思いをしたからです。

当時は麹というものは、単なる「お酒を造るための道具」としか思われていなかったんですね。麹が「酵素を作って物を分解する」という仕組みはすでに研究し尽くされ、完成していたのです。だから「終わった」と。

でも私はそれがとても悔しく、**「麹はお酒を造る以外にももっと力を持っているはずだ」**と信じていました。

そこから私の紆余曲折と、麹の力を実証するための様々な研究が始まりました。

＊12
「K酵母」と命名して発売。多くの焼酎蔵で使用されるが、種麹と酵母を同じ工場で造り続けるのは問題が多かったため、公的機関の鹿児島県工業試験場に譲った。

＊13
「NK菌」と命名。意味は「New Kuro」の頭文字から。黒麹と白麹のよいところを併せ持つ麹菌で、コレを使って造る焼酎の代表に、「黒霧島」「黒伊佐錦」などがある。

現在の麹の研究一筋の生活になる前には、焼酎と麹とチェコのテーマパーク、「バレルバレープラハ&GEN」[*14]を立ち上げました。その一環で本場チェコのピルスナービール造りを学び、それを日本に広めようと思い「霧島高原ビール」[*15]を誕生させました（これらを作った経緯は、拙著『麹のちから！』に詳しくご紹介しています）。

ですが、最終的に「やはり麹の道を究めたい」という思いに立ち返ります。そして新たに「源麹研究所」を作り、麹の研究に没頭してきたというわけです。

2、4章で詳しくご紹介していきますが、**麹が「お酒を造る以外の力を持っている」ことも、次々に証明されています**。麹は口から体内に取り入れれば素晴らしい働きをしてくれますが、飲み物、食べ物になる以外のこともたくさんできるのです。祖父の言葉が次々に実証されてきています。

そんな風に麹漬けの日々を過ごしていたら、医者として独立していた息子まで、麹のパワーに魅せられて戻ってきました。息子は医師として、私とはまた違う視点で麹と関わっていってくれそうで、これは嬉しい限りです。

駆け足でしたが、これが種麹屋4代にわたる私たちの麹との関わりの経緯です。

＊14
鹿児島空港に隣接した、焼酎とチェコのテーマパーク。焼酎工場、チェコのビールと料理を味わうレストランなども備える人気の観光施設。

＊15
チェコのピルスナービールにほれ込み、本場で古典的な造り方を学び開発。クラフトビールブームの先駆けに。

米麹と麦麹…だけじゃないのが21世紀の麹の世界です

日本のお酒や食品に大きく関わる代表的な麹菌は、黄・黒・白の3種類があるとお話ししましたが、麹の種類についてもう少しお話しさせていただきます。

日本でお酒や食品を造るときに材料として使う麹は、基本的に「米麹」か「麦麹」。お米に麹菌を生やしたものを「米麹」と呼び、麦に生やせば「麦麹」です。「米麹」は主に清酒や焼酎、みりん、お酢に、「麦麹」は主に麦味噌と麦焼酎に使われます。八丁味噌に代表される「豆麹」を使った味噌もありますね。

ですから一般的に麹というものは、米か麦か豆でしか作れないもの、という印象があると思います。

麹のバリエーションと利用法はもう完成しきっている、または、米、麦、豆以外には、麹はうまく着生しないものなのだ、と思われていたと思います。

ところが、私は長年麹のことばかりを研究し、知り尽くした結果、**他の素材に**

も麹を生やすことができるようになったのです。

例えば、かぼちゃ、ニンジン、ゴボウといった、野菜で麹を作れます。お茶の葉にも生やせます。なんと豚骨に麹を生やすこともできます。

今までの米麹や麦麹で、美味しくて健康によい日本食の素が作れているのに、なぜわざわざ他の素材に麹を生やすのか。

それは、**麹が宿主によって働き方や形態を変えて、作り出す物もそれぞれ違う**、ということに気づいたからです。

例えば、通常のお米に生やす米麹は、アミラーゼ[*16]の強い麹です。ところが白麹を野菜に生やすと、セルラーゼ[*17]の強い麹ができます。肉に生やせば、プロテアーゼ[*18]が強くなります。豚骨に麹を生やした豚骨麹で出汁を取ると、10時間で通常の10倍近いアミノ酸が出てきます。しかも透明。いわゆる豚骨ラーメンのように濁りません。

つまり、麹は宿主によって、それぞれの宿主を分解するのに適した酵素を出し、その結果**作り出す成分が変わってくるし、栄養価もそれぞれに変わってくる**わけなんです。そこが大変に面白く、素晴らしい点だと思います。

＊16
でんぷん（糖質）を分解して糖にする酵素。

＊17
セルロースをグルコースに加水分解する酵素。

＊18
たんぱく質中のペプチド結合を切断する、タンパク分解酵素。

米麹や麦麹から作る食べ物は、もちろん今まで通り日本で食べ続けていきたいと思いますが、他の物にも生やせるとなれば、また違う利用法、可能性がぐっと広がってきます。

まず麹菌に種類があり、さらに**生やす原料によって、性質、気質、栄養価などが違う麹が色々存在する**。

麹と言っても決して一様でなく、一言ではくくれないのです。

それが、これからの時代の麹の世界と言えるのです。

麹も食事して排泄している!? そもそも発酵って何だ?

麹をお酒や食品へと加工するには、発酵というプロセスが必須です。

麹と発酵は、切っても切れない関係です。

新型コロナウイルスの流行に伴って、最近特に発酵食品は「免疫力を上げる」

発酵とは？

地球上にいる微生物を食品につけたり混ぜたりして着生させ、微生物がそれを食べて酵素を出して元の食品を分解したり、人間に有用な物質を造ったりする代謝のプロセス。そのプロセスの生産物が人間にとって有用な場合を発酵という。

微生物が

自分の出す酵素で宿主を食べて

分解したり新しいものを造った結果！

微生物とは？

地球上のあらゆるところ、人間の腸内や皮膚の上などにもいる生き物。種類は多すぎて完全には数え切れないくらい存在している。実は人間も動物も地球も、微生物の恩恵を受けている。

細菌類

納豆菌、
乳酸菌、
酢酸菌など

カビ類

コウジカビ、
シロカビ、
クモノスカビなど

酵母類

パン酵母、
ビール酵母、
ワイン酵母、
清酒酵母など

食べ物として、一時期より注目されていますね。

でも、発酵って何がどうなっていることなのか、ご存じですか?

簡単に言うと発酵とは、

「微生物の代謝活動を使って食べ物をより美味しくし、そのままの状態より少し長持ちさせるプロセスと技術」です。

微生物というのは主に、1 麹などのカビ、2 パン酵母やビール酵母などの酵母、3 納豆菌や乳酸菌などの細菌、です。

発酵食品は私たち日本人にはあまりに身近過ぎて、改めて考えてみる機会が少ないと思いますが、**微生物という生き物が、私たちと同じように食べてエネルギーを得て、排泄する、という活動をする結果、美味しい物ができている**んです。

日本の発酵食品には、麹をはじめ、日本酒・焼酎・甘酒などのお酒、味噌・みりん・醬油などの調味料、かつお節など、地域を限定せず食べられている、調理のベースとなる食品がいくつもあります。

さらに、納豆菌が作る納豆、麹菌が作るべったら漬け、乳酸菌が作るくさや、鮒ずしなどなど、日本中の各地域で受け継がれている発酵食品もたくさんありま

世界の代表的な発酵食品

カビ類

- かつお節
- 甘酒
- マッコリ
- カマンベールチーズ
- ブルーチーズ
- 黒茶
- 紹興酒

カビ類・酵母類

- みりん
- 日本酒
- 焼酎
- 醤油

酵母類

- ワイン
- ウイスキー
- ビール
- パン

酵母類・細菌類

- ぬか漬け
- 果実酢

細菌類

- ヨーグルト
- 納豆
- キムチ
- 臭豆腐
- ナタデココ
- ザワークラウト

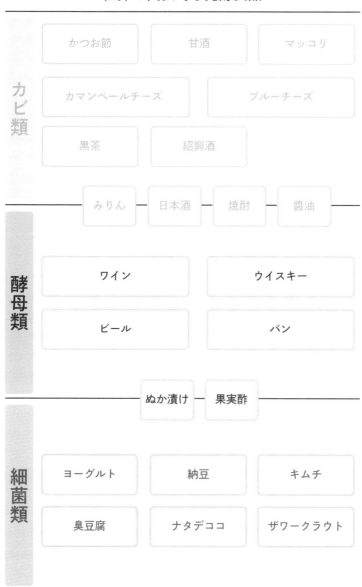

すね。

味噌や漬物に至っては地域ごとにあると思いますから、日本には数え切れないくらい発酵食品があるわけです。

日本の発酵食品の大きな特徴は、納豆を除く**ほとんどの発酵食品が、麹を基礎に作られている**という点です（もちろん、お酒などを造るプロセスの段階で酵母も使います）。

では世界ではどうでしょう？　こちらもたくさんあります。

ヨーロッパ方面にはワインやビールなどのアルコール、チーズやヨーグルトなどがありますね。パンも広い意味では発酵食品です。こちらは主に、酵母か乳酸菌で造られているものが多めですね。

日本古来のお酢である黒酢は、1つのカメの中で米のでんぷんが麹と酵母の力でアルコールに分解され、それと並行して酢酸菌がこのアルコールから酢酸を造ります。これに対して欧米では、ワインのように一旦アルコール発酵をさせ、さらに酢酸菌で発酵させてビネガーを造ります。

つまり、日本ではアルコール発酵と酢酸発酵が同時進行なのに対して、欧米ではアルコール発酵を終えたものを酢酸発酵させるという風に別々に発酵させているのです。

アジア方面はどうかというと、お隣の韓国のキムチ、マッコリ、台湾の臭豆腐なども発酵食品ですね。中国の紹興酒、腐乳、メンマもそうです。

インドネシアやマレーシアなどの、大豆にクモノスカビを生やして造るテンペという食べ物や、ベトナムの魚醤、ヌクマムという調味料もあります。

一時期日本で流行したフィリピン発のナタデココも、実は発酵食品です。

アメリカではオリジナルの発酵食品はあまり見かけませんが、近年流行しているコンブチャ（紅茶キノコ）は、酵母や酢酸菌の入った発酵飲料です。

一方、とにかく塩に漬けて自然に発酵させるなどの方法もありますね。

地域によって、カビを使うか、酵母を使うか、細菌を使うか（またはそれらのミックス）の差はありますが、とにかく人間は食べ物を発酵させてより美味しくし、保存がきく状態を作るという方法を、世界のあちこちで発見して、今に至るまで食べて飲んで伝えてきた。発酵食品は人間の知恵の結集したものなのです。

発酵と腐敗は、実は同じ現象！発酵は味を美味しくし、栄養吸収も助けます

ところで時々、「発酵と腐敗ってどう違うの？」という質問を受けます。

実はこれ、起こっている現象だけを見たら、同じなんです。

発酵とは、「微生物の代謝活動を使って食べ物をより美味しくし、そのままの状態より少し長持ちさせるプロセスと技術」と言いましたが、その現象だけを見れば、実は腐敗と違いはありません。

でも、ごはんや野菜にカビが付いていて増殖していたら、「もう腐っていて食べられないわ」と処分していますよね？

発酵と腐敗なんて、人間側が勝手に分けているだけで、微生物側から見たら勝手な分類なんですよね。**微生物たちがやっていることは同じ（笑）**。

微生物たちの代謝活動の結果できあがったものが、人間にとって役に立つものなら発酵。役に立たない、または害をなすものなら腐敗、ということなのです。

だから人間は、大昔に自然に腐っていたものを口にしてみて、大丈夫だったら食品として同じものを作れるように研究し、トライ&エラーを繰り返しながら扱ってきた、ということですね。

では発酵は、人間にとってどう役に立っているでしょうか。

まず単純に、**味を美味しくしてくれます**。

次に、ただそのまま置いておいた場合よりも、**ずっと長期間保存がきくようにしてくれます**。

さらに発酵するときに、微生物が様々な栄養を小さく分解してくれるので、**人間が栄養をより吸収しやすくなります**。

麹に関して言えば、大量の酵素を出して元の物質を分解してくれるので、肉や魚などの**たんぱく質を分解し、うま味を増すとともに柔らかくしてくれたり、米のでんぷんが分解されて糖になり、甘みが増したりします**。

納豆で言えば、生の状態の大豆は硬くて食べられないし、加熱して食べても消化しづらいですが、納豆菌が蒸した大豆のたんぱく質の一部を分解してくれるので、食べやすくなるのです。

発酵とは、人間の工夫と技術の英知の結集であると同時に、**人間と微生物の協力体制の歴史ともいえる**のかもしれません。

日本の良い麹をきちんと広めないと危険です

さて、日本食の根幹を作っている麹ですが、日本では室町時代頃には種麹屋が登場し、酒造屋に種麹を売っていたようです。その基本形式は現在とそんなに変わっていません。酒蔵家も味噌屋さんもみな、種麹屋から種を買うのです。

なぜ種麹屋という職業ができたのかと考えると、麹はやはりカビなわけですから、油断をして取り扱いを間違えれば非常に危険な物になる可能性もあります。

ですから純粋分離をして、純然たる麹を造れる専門家が扱う必要があるからということです。

現在日本の種麹屋は、わが社を含めておよそ5社ほどです。

発酵の要素の大本となるカビは日本以外にもたくさんいますが、**我々が麹菌と呼んでいるカビは、同じ物は他の国にはいない、または、いても日本でしか上手く育てられない**と思います。

醸造学、発酵学の大家である小泉武夫先生[*19]も、「他のアジア諸国の発酵食品とは菌の種類も麹の造り方も異なり、**日本の麹は大陸から伝わったものではなく、独自に発生したものだと考えられる**」とおっしゃっています。

先に世界のいろいろな発酵食品を紹介しましたが、日本人は昔からアジアの中でもとりわけきれい好きなので、製造過程も神経質で丁寧、他のアジアの国々に比べても、非常に研ぎ澄まされた麹を造って使っていると思います。

最近、欧米の方やオーストラリアの方などが麹に興味を持ち始め、私のところにも「話を聞きたい」「講演してほしい」という依頼がたくさん来ます。

ですが私は、麹は欧米の方々が現地で製造するより、日本人がきっちり管理して造ったものを購入し、使っていただく方が絶対によいと思っています。

先に、日本の醸造家さんは専門の種麹屋から種麹を購入しているとお伝えしま

＊19
日本の農学者、発酵学者であり、発酵学、食文化論、醸造学の第一人者。東京農業大学農学部醸造学科卒業。『発酵食品礼讃』（文春新書）など発酵にまつわる著書多数。

した。その理由として、「麹がとても劣化しやすい生き物だから」ということもあります。連続して麹を培養すると、麹が生産する酵素やクエン酸の量がどんどん減っていくんです。

そこで我々種麹屋は、来る日も来る日も種麹の胞子を一個ずつ丁寧にわけて、シャーレで別々に培養します。そして、その中でもっとも品質の良い麹を造るものを増殖させて、それを種麹として販売しているのです。毎日この作業をやっています。毎日毎日その繰り返し。いかにも勤勉な日本人らしいですよね(笑)。でもだからこそ、良い種麹が造れるのです。

ところが海外では、自分たちで麹を造った、そこに胞子がついた、それをそのまま種麹として販売していたりするのです。

これはとても危険です。

先に話したように、麹は麹菌というカビです。**麹以外のカビには、カビ毒を持っている物、非常に危険な物がたくさんいる**んです。名前の説明のところでもお話ししたように、麹は非常に毒性の強い菌と見た目もよく似ているし、人間の目ですぐには判別できないのです。特に麹の文化がない海外では、同じアスペルギルスというカビであっても猛毒を持つアスペルギルス・フラバスなどが混じってくる可能性が大いにあります。

単に麹が生えて、その胞子を着生させた、というやり方で繰り返し培養していると、毒性のある菌が中に入ってくる可能性がどんどん高くなります。コンタミネーション、いわゆる汚染を起こしてくる。酵素の力も弱くなります。

暑く湿度が高い地域では特に、カビが生える率も高いでしょうし、**微生物の世界というのはまだまだ人間が解明しきれているわけではない**ですから、知られていない毒を持つカビもいるでしょう。

そのうち、その麹を食べた人が死んでしまうというケースも十分考えられます。そんなことが起きたら、海外での麹ブームはすぐに終わってしまう。

本物の麹の本来の力が伝わる前に、悪い物として判断されることは絶対に避けなければなりません。

日本人の発想にはまずないと思いますが、安易に自分が造った麹を種にしてさらに麹を造る、なんてバカなことは絶対にやめてもらいたい。
ちゃんと我々のようなプロの種麹屋から種を購入し、管理の仕方もきちんと覚えて扱ってほしいのです。

いい麹ってどんな麹？答えは、酵素をたくさん出す麹です

日本の麹は他の地域より研ぎ澄まされている、と言いましたが、その日本の麹はすべて同じかというと、そうではありません。日本の中にも、良い麹、悪い麹という差があります。

麹菌は（付いた）宿主を食べて、自分が出す酵素でその宿主を小さく小さく分解します。そうやって分解してできたものが、お酒や醤油などを造り出すもととなったり、人間が栄養として吸収しやすくなったりします。

ですから、「酵素をできるだけたくさん持っていて、その酵素の力も強くて、

さらに、**雑菌が少ない麹」が良い麹**です。

逆に、**「酵素が少なくて力が弱く、雑菌の多い麹」は悪い麹**です。

酵素の多い少ないは、麹を作るプロセスの最中の温度管理によって決まります。麹を何度で培養するかによって、酵素が増えたり減ったりするんですよ。酵素は熱に弱いのです。ですから麹を作るときの温度管理が肝になるわけです。

一時期、「ローフード」という、食材を生で食べるか、48度以下で調理した物だけを食べるという食事法が流行りましたが、あれは、48度以上に加熱すると酵素が壊れて死んでしまうから、それ以下の温度で調理して食べるのです。

麹ができあがるまでに、だいたい40時間程度かかりますが、麹は代謝のプロセスで発熱するので、ただそのまま放っておくと50度まで温度が上がってしまい、自分の熱で死んでしまいます。またそこまでいかなくても、酵素が弱かったり少なかったり、という場合が出てくるわけです。

ですから温度管理が重要なのですが、やはり一人の人間がずっと見ているのは難しい。昔は、寝ているうちに温度が上がり過ぎたり下がり過ぎたりして失敗、ということがありました。その温度管理の難しさを解決したのが、父が開発した「河内式自動製麹装置」なのです。

また並行して、雑菌の問題があります。麹には必ず雑菌が混じります。

なぜかというと、種麹造りは液体発酵ではなく固形発酵で、お米を蒸した後に手で麹菌をまぶしてもみ込むからです。手の中には雑菌がいますから、どうしてもその雑菌が入ります。

もちろん、雑菌混入を極力少なくするのが麹屋の腕ですし、現在では機械での作業が主で、できるだけ人の手が入らないようになっていますが、それでもやはり100％雑菌ナシ、とはいきません。

そこを、造る場所の徹底した管理やプロセス上の様々な工夫で、極力雑菌が入らないようにする。

そうやって我々は、「酵素が多く、雑菌の少ない良い麹」を造っているのです（もっとも、製造の過程で入ってくる乳酸菌が、独特の個性を与える場合もあるのですが）。

腸内細菌叢を劇的に改善するだけでなく、農薬や放射能をもデトックス

ここまで読んでくださった方は、麹という物のイメージを少しつかめたのではないでしょうか。

さて、そんな麹は、どういうところがよいの？　人間に対して何ができるの？　何をしてくれるの？　というところが肝心ですよね。

データなども含めた詳しい話は2、4章で紹介しますが、人間の体にも、地球の環境全体にも、すべてにおいていいことをしてくれるのが麹なんです。

「そんないいことばかりなんてあるわけないよ」「しょせん食べ物でしょ？」と思われるかもしれませんね。でも本当なんですよ。

例えばまず、麹を使った発酵食品が体にいい、というのはなんとなく皆さんが知っている、感じていることだと思います。

なぜ体によいのかというと、何しろ麹は菌ですから、腸内細菌にダイレクトに

影響を及ぼします。そう、最近話題の腸内細菌ですね。最近では、腸が体の免疫力の6割くらいを司っているということがわかってきています。

そして麹と腸内細菌との関係の大きなポイントは、麹を好きな菌って、ほとんどが善玉菌なんです。

これは、なぜなのかはまだ解明できていないのですが、麹菌を好きで寄ってくる菌は、例えば納豆菌、酵母菌、放線菌[*20]、光合成細菌などの善玉菌ばかり。おかげで造る方は苦労するはめにもなるのですが、麹を好きな悪玉菌というのは聞いたことがありません。

だから麹を食べていると、お腹の中で善玉菌が増えて、当然便通がよくなる。それだけでなく、腸内環境もよくなり免疫力が上がる、というわけです。

でもこれは、麹の力の基本中の基本で、まだごくごく一部。

私が麹の力で特にすごいな、と驚嘆しているのは、**農薬の成分や放射能をデトックスする力を持っている**点です。

放射能に関しては、麹単体というだけでなく、発酵食品が力を発揮するということが、過去にも言われています。

＊20 細菌の中で、細胞が放射状に菌糸を形成する菌のこと。主に土の中にいて、落ち葉や動物の死骸などの有機物を分解する存在。

長崎に原爆が落ちた時、秋月辰一郎さん[*21]という医師が、被ばくした人に梅干し入りのおにぎりとかぼちゃの味噌汁を作り、職員や入院患者に毎日与えたら、その職員には何十年も原爆症が出なかった。これは有名な話です。

また私が醸造試験場の方から聞いた話ですが、広島でも原爆が落ちた時、お酒屋さんたちが、「どうやら俺たちは放射能を浴びているから死ぬらしい、もはやこれまでだ」と、蔵中のお酒を集めて皆でガンガン飲みました。そうしたらその人たちには原爆症が出なかったそうです。

私も醸造試験場に入った時に、最初に「もし被ばくをしたら、死ぬほど酒を飲みなさい」と言われました。チェルノブイリの事故の際にも似たような話があるんですよ。

マウスでの驚くような実験結果もあります。

広島大学の名誉教授、渡邊敦光先生が、「Ⓐ普通のエサ」「Ⓑ食塩入りのエサ（味噌と同じ食塩濃度）」「Ⓒ味噌入りのエサ」をマウスに与え、そのあと放射線を照射するという実験を行いました。

結果、「Ⓒ味噌入りのエサ」を与えたマウスが、最も小腸の細胞の再生率が高かっ

＊21
日本の医師。元長崎聖フランシスコ病院院長。石塚左玄氏の思想をもとに、桜沢如一が発展させた「マクロビオティック」を学び、それをもとに自身の食用医学を作成。「秋月式栄養論」と名付ける。長年にわたって原爆の証言の収集を行う。

たのです。ただしこれは、事前に食べた場合のみで、放射線を浴びてから食べても効果は現れないそうです。

農薬と麹の関係に関しては、すでに私たちの実験で結果が出ています。

詳細は4章でご紹介しますが、我々のパートナー鹿児島大学の林国興教授との研究では、フタル酸エステル[*22]が原因となり、男性の女性化現象、睾丸が小さくなるということを確認しました。

フタル酸というのは、よく「環境ホルモン」などと呼ばれている化学物質ですね。農薬イコールフタル酸エステル、というわけではないのですが、研究の結果、除草剤をもとにして、稲がフタル酸エステルを作ることがわかっています。

また、畑や田んぼの土が無農薬だとしても、マルチ栽培で使うビニールにもフタル酸エステルは含まれています。これでは完全に避けるのは不可能に近い。困りますね。

ところが、実は我々の作る麹は、フタル酸を分解するのです。その結果が出ています。

無農薬の野菜やお米を選ぶことは良いことですが、それでも農薬を1ミリも、

＊22
フタル酸とアルコールのエステルの総称で、その構造によって種類はいくつも存在する。ポリ塩化ビニルを柔らかくするために使われることが多い。プラスチック製品、ビニール製品などに含まれている。人体への有害性が指摘され、様々な規制を受けている。

1ミクロンも体に入れないというのは現代では不可能です。

それならそこで、さらに**麹を食べることで、体に害をなす成分をデトックスしていく。それが賢い健康管理**だと思うのです。

食べるだけで放射線と農薬をデトックスできる。それだけでも驚きで嬉しい働きなのですが、麹はまだまだポテンシャルを秘めています。

我々が造る麹は、体内でオメガ3[*23]を増やします。GABA[*24]も作ります。

そんな馬鹿な、という人もいると思いますが、すべて事実なんです。

体に対する働きだけではありません。

20世紀は何もかもを使いっぱなしで資源を無駄にしてきました。21世紀はそのツケを払わされています。言わば「20世紀の尻ぬぐいの時代」だと思うのです。

大量生産には必ず廃棄物の問題がセットで付いています。私は麹菌を使ったリサイクルを発明し、その廃棄物問題、環境問題の一部を解決する方法を開発しました。**麹は食べ物としての役割だけでなく、地球の役に立つこともできる**のです。

日本人がはるか昔に発見し、上手に利用できるように研究に研究を重ねてきた

＊23
オメガ3脂肪酸という油の種類のひとつ。油の中でも植物や魚に含まれていることが多い、不飽和脂肪酸。動脈硬化の予防や高齢者の認知機能維持など、健康に良い働きを多く持つ油として、近年注目を集めている。

＊24
カカオやトマトに多く含まれるアミノ酸の一種。神経伝達物質として働き、脳の興奮を鎮め、緊張やストレスをやわらげたり、血圧降下作用の働きがある成分として、注目を集めている。

麹は、本当に**神様からの人類への贈り物**です。

数少ない、人間の味方であり仲間であり、人間の体や環境までもをよりよくしてくれるカビ。それが麹です。

ぜひ皆さんに麹の力を再確認、新発見していただきたいと思います。

CHAPTER
2

麹には驚きの健康・美容効果があった！

担当：麹先生・山元文晴

腸内環境を改善し、免疫力を増強！
さらに、便秘やメタボにも有効で
自律神経のバランスまで整えてくれる――
麹を食べるだけで、
病気知らずの体になれるのです

麹自体も、それを使った食べ物も栄養と健康効果に優れている

この章は、種麹屋4代目の私、山元文晴が担当いたします。

麹菌は毒性を持たないカビであり、それを使って造った種麹を使い、発酵というプロセスを経て造られた食べ物には、糖、アミノ酸、ビタミン、ミネラルなど、人間にとって欠かせない栄養がぎっしり詰まっています。

その**麹を利用した食べ物には、驚くほどたくさんの健康によい働きがある**ということが、私たちの研究でどんどん明らかになってきているのです。

冒頭から麹の働きを自信満々に語りましたが、そのことを信じるようになったのは、実は比較的最近のこと。僕は10年以上臨床医をしており、父が初めに「河内菌白麹」を使った製品を作り、その効果を試してほしいと言われた時には、「えー、嫌だな、本当に効くの？」と疑いの目で見ていました（笑）。

西洋医学がベースの医者であれば、基本的にそういう反応になると思います。

東洋医学やサプリメントのジャンルの物はあまり信頼していない。ところがその製品を、自分の臨床の場で実際に試してみたところ、「これはすごい!」という結果が実際に出て（笑）、そこから麹が面白くなってしまったのです。すっかりハマってしまいました。

1章でも説明があったように、麹は学名に「アスペルギルス」と付くため、海外では、ばい菌扱いです。また医療界でも「アスペルギルス」と言えば、主に肺炎の病原菌を指す。ですから医療界の人間に、「麹菌ってアスペルギルスなんだよ」と言うと、びっくりされます。「え!?　それ大丈夫なの?」と。

でも、「じゃあお酒を造る杜氏さんや、味噌造りの人や、我々が、肺炎になってますか?」と言うと「なってないよね……」となる（笑）。面白いですよね。

西洋医学の常識ではありえないことを、日本では普通にしているし、しかも食べているということになるんです。

その不思議さに魅了され、麹菌を使って人々の健康維持に独自の方法でアプローチできないか、人々を助けられないか、と思い、麹の世界に入ってきました。

そして体に対する影響の調査と研究を続けていたところ、**麹が健康や美容によ**

い働きをするという結果が、想像以上に多岐にわたって次々出てくるのです。

それは自分の目で、見た目の変化をハッキリ確認していることもありますし、データとして数字できちんと結果が出ているものもたくさんあります。

そもそも麹菌オンリーではなく、麹を使った発酵食品全体が腸内環境を整えることが知られています。1990年代後半に、O‐157という大腸菌が流行ったとき、味噌や漬物といった発酵食品を食べていた子どもたちは、O‐157に感染しても症状が軽かったというデータもあります。

麹は「なんとなく」や「なぜかはわからないけれど」レベルではなく、「こういうメカニズムで」体に良い、ということをきちんと証明する。そのエビデンスを増やしていく。そう思って、日々研究を進めています。

この章でご紹介する様々な効果は、主にそういった研究を基にした内容です。

また、この章で紹介している実験に使っているのは、黒麹、もしくは白麹です。この**2種類の麹には、黄麹にはないクエン酸を作る働きがある**ため、それにより様々な効果が現れるのではないかと考えています。

麹にどんな力があるのか、ぜひ僕と一緒に驚いてください。

ある意味これが麹の力のすべて〈腸内環境改善・酪酸菌増加〉

麹が体に及ぼす一番の良い影響は、腸内環境を改善すること。

ある意味、これがすべてといっても過言ではありません。

黒麹と白麹の場合ですが、**摂ると腸内環境が改善されて免疫力がアップすること、便秘を改善する効果があることは、もうすでに結果が出ています**。さらに他の様々な不調や、いくつかの病気の症状を軽減することもわかってきています。

ただ、腸内環境が改善されれば当たり前といえば当たり前のことなんですよね。

近年、腸内細菌の研究が飛躍的に進みました。腸内環境のことを詳しく調べていった結果、**免疫細胞の約6〜7割は大腸で成長する**と言われています。

ですから大腸が元気であれば、免疫細胞もよく発達する。消化と吸収も活性化するので、当然便通もスムーズになる。

ですから麹を摂ることは、健康の土台作りをすることなんです。

ではいったい麹は腸の中で何をしているのか？　なぜ腸内環境がよくなるのか？　それらをすべて解明するのはまだまだ難しいのですが、それでも研究を続けていたら少しずつ、麹を食べると何が起こるか、がわかってきました。

中でも**とても大きなメリットは、酪酸菌**《らくさんきん》[*25]を増やすことです。

麹菌を食べると、大腸の中で酪酸菌が増えます。

酪酸菌は、酢酸《さくさん》[*26]と酪酸[*27]というふたつの物質を作ります。どちらも酸なので**腸内を弱酸性に保ち、悪玉菌が育ったり活性化するのを抑制**してくれます。酢酸はビフィズス菌からも作られますが、酪酸は酪酸菌からしか作れません。

そして**酪酸は、大腸が必要とする栄養の約9割を占めるエネルギー源**なのです。ですから、酪酸菌が増えれば酪酸がたくさん作られ、大腸の細胞が元気になる成分が増えることになります。

また、人の細胞は酸素が必要なので、大腸の細胞が元気だと腸からどんどん酸素を取り込むようになります。すると、腸の中には酸素が少ない状態になる。

そうすると今度は、腸内細菌が活性化してきます。それも、酸素が少ない状態で活性化する、「嫌気性菌」[*28]という菌が増えてきます。

＊25 酪酸や酢酸という酸性物質を作る細菌。

＊26 お酢を作る物質としても知られるカルボン酸の一種。至る所に存在する。腸内を弱酸性に保つ。

＊27 大腸のエネルギー源。また大腸の中を弱酸性に保ち、悪玉菌の発育を抑制する。

＊28 生きていくために酸素を必要としない細菌。

実は善玉菌と呼ばれるような菌たちは、この「嫌気性菌」が多いのです。逆に悪玉菌と呼ばれる菌たちは、酸素があってもなくても生きていける菌が多い。

なので、**麹を摂って酪酸菌が酪酸をたくさん作る↓腸の細胞に栄養がいきわたる↓酸素が減る↓善玉菌が増えて腸内環境が改善する**、となるわけです。

また酪酸という物質は、日和見菌が作ることがわかっています。ですから麹は、この日和見菌も増やしていることになります。

私の行った臨床実験では、白麹を摂って酪酸菌が有意に増えるという結果がハッキリと出ました（次ページ参照）。

この実験は、結果がハッキリと出たことにも驚きましたし、わずか1か月という実験期間で結果が出たことにも驚きました。なぜかと言うと、通常こういった何かを摂取する実験ではその物質を2～3か月飲んでもらうのですが、麹は1か月で有意差をもって酪酸菌がドンと増える、という結果が出たからです。

腸内細菌の中でも酪酸菌は最近とても注目されていて、各社がどうやって大腸の中で酪酸菌を増やし、かつ酪酸を増やすかを研究しているのですが、僕たちからすると、**酪酸菌を増やしたいなら白麹を摂ればいいだけ**、なんです。

麹を摂った後の腸内の酪酸菌量の変化

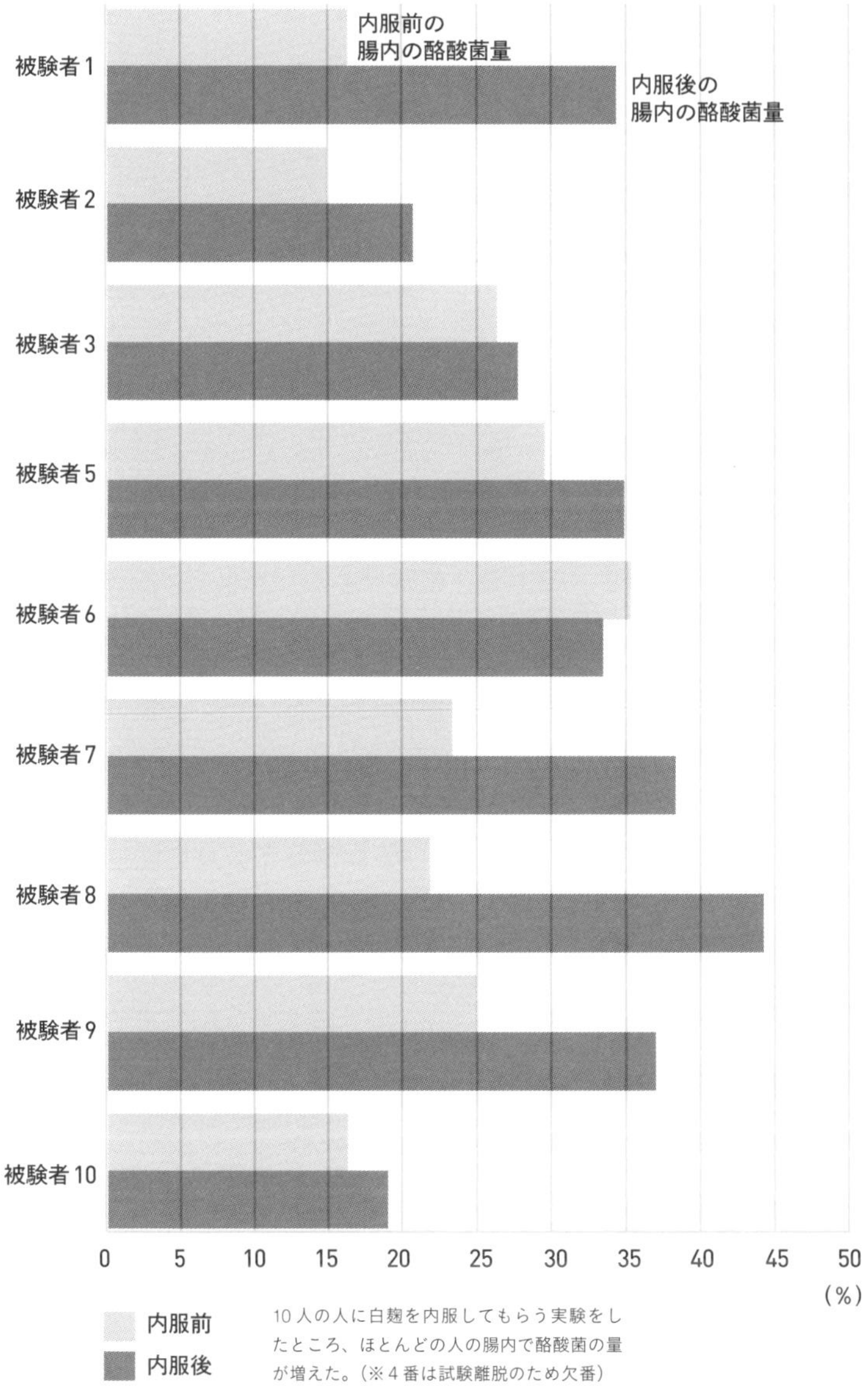

10人の人に白麹を内服してもらう実験をしたところ、ほとんどの人の腸内で酪酸菌の量が増えた。（※4番は試験離脱のため欠番）

ひとつの菌が大事なのではなく、腸内細菌は種類が多い方が健康

腸内細菌が以前より注目されるようになり、皆さんも、乳酸菌[*29]がいい、ビフィズス菌[*30]がいい、酪酸がいいという話をたくさん耳にしたり、実際に毎日の食事やサプリメントで摂取している人も多いでしょう。

乳酸菌もビフィズス菌ももちろん悪くはないのですが、医者も研究者も一般の方も、どうしても「何かひとつの菌を食べればよい」という発想になりがちなことには、疑問があります。

腸内細菌の数は種類だけでも数百から1千種類、数だとおよそ100兆個もあるといわれています。その膨大な数の菌みんなでバランスを取りながら、腸内フローラ（細菌叢）と呼ばれる生態系を作っているんです。

そこに乳酸菌が単体で乗り込んだとしても、腸内環境全体を変えるほど影響を与えられるかどうかはわかりません。難しそうですよね。

＊29
発酵の過程で糖から乳酸を作る微生物。嫌気性菌。ヨーグルト、チーズ、漬物などの発酵食品に含まれている。「乳酸菌」という1種類がいるわけではなく、現在わかっているだけで350種類も存在する。

＊30
放線菌綱に属する細菌の総称。偏性嫌気性桿菌の一種。すべての動物の腸内に生息する。腸内で酢酸、乳酸を作る菌として注目されている。

また、人間ひとりひとりの腸内フローラはそれぞれに違います。すべての人に「○○菌」を入れればすべてOK、というわけではないと思います。

ただ腸内細菌に関して、ひとつハッキリわかっていることがあるんです。

それは、**「腸内細菌の種類が多い方が健康だ」**ということ。

善玉菌、悪玉菌などの種類にかかわらず、種類の数が急激に減少したりすると、健康によくないと言われています。

またアメリカのある論文では、乳酸菌を摂取して免疫力が上がるかどうか臨床試験をした内容なのですが、**「単独の乳酸菌ではなく、複数の種類の乳酸菌を内服する方が効果が高い」**という結果が出ています。乳酸菌と言っても、1種類だけではないわけです。

ですから、「○○菌」という何かひとつの菌ばかりを食べ続けるよりも、お腹のために良い菌を摂りたいなら色々な物を食べたり、ヨーグルトや味噌も毎回違うメーカーの物を選ぶ方が、腸内環境のためには良いと思います。

ただ、さらに簡単な方法があるんです。それが黒麹や白麹を食べることです。

先にも少し出てきましたが、麹はなぜか善玉菌に好かれます。

種麹を造る時には雑菌が入ってもらっては困りますが、人間の大腸の中では、麹菌が入ることによって、乳酸菌、ビフィズス菌、酪酸菌といった善玉菌がブワッと増加してくれる。

新しい菌を何か入れるということではなく、麹を食べることでその人が持っている「腸内フローラの中を、善玉菌が増えるような環境にする」。

それが、麹がやってくれていることなんです。これって実はかなりすごいことなんですよ。

NK細胞・制御性T細胞を増やす驚きのパワー〈免疫力アップ〉

麹の力、すごさはまだまだあります。腸内環境を改善して、結果、免疫力アップにもつながるのですが、それ以外の部分でも免疫力を確実に高めていることがわかっています。

まず**黒麹を摂ると、NK細胞の数が増え、活性も上昇**します。

NK細胞というのは、最近だいぶ名前を知られるようになりましたが、正しくは「ナチュラルキラー細胞」。体内をパトロールしていて、がん細胞やウイルスに感染した細胞を見つけたら攻撃する、という大事な細胞です。

これは以前に、父がある大学の教授と共同で行った研究の結果ですが、黒麹を使ったドリンクを毎日飲んだ人は、飲まなかった人と比べると、**NK細胞の数が1・5倍に増え、細胞の殺傷能力も1・5倍に増える**という結果が出ています。

これは、麹を摂った後に免疫力が上がることの確かなエビデンスです。

そしてもうひとつ、これは僕が研究した結果ですが、**麹を摂ると、「制御性Ｔ細胞」が増加**します。麹、本当にすごいんです（笑）。

制御性Ｔ細胞も免疫の調整役の細胞で、新型コロナウイルスの話題の中でもよく出てくる「免疫の暴走」を抑えるような働きをします。

臨床試験をしたところ、この制御性Ｔ細胞も、酪酸菌の時と同じく、ハッキリと有意差を持って増えました。さらに制御性Ｔ細胞は、心筋梗塞の予防や糖尿病の対策にも役立つ可能性があるとされています。免疫の調整役なので、いわゆる免疫疾患と呼ばれる病気にも役立ちます。

ＮＫ細胞も制御性Ｔ細胞も、免疫に関わる重要な細胞なので、新型コロナウイルスのような感染症にかかった時や、がん細胞ができた時に、これらの細胞が十分に存在していて、きちんと働いてくれることが肝心です。

薬でもない麹がこれらの細胞を増やすという結果が出たことは、医者としても本当に驚きの結果でした。

だからこそ僕は、真剣に麹を医療の現場に持ち込みたいと思うようになったのです。

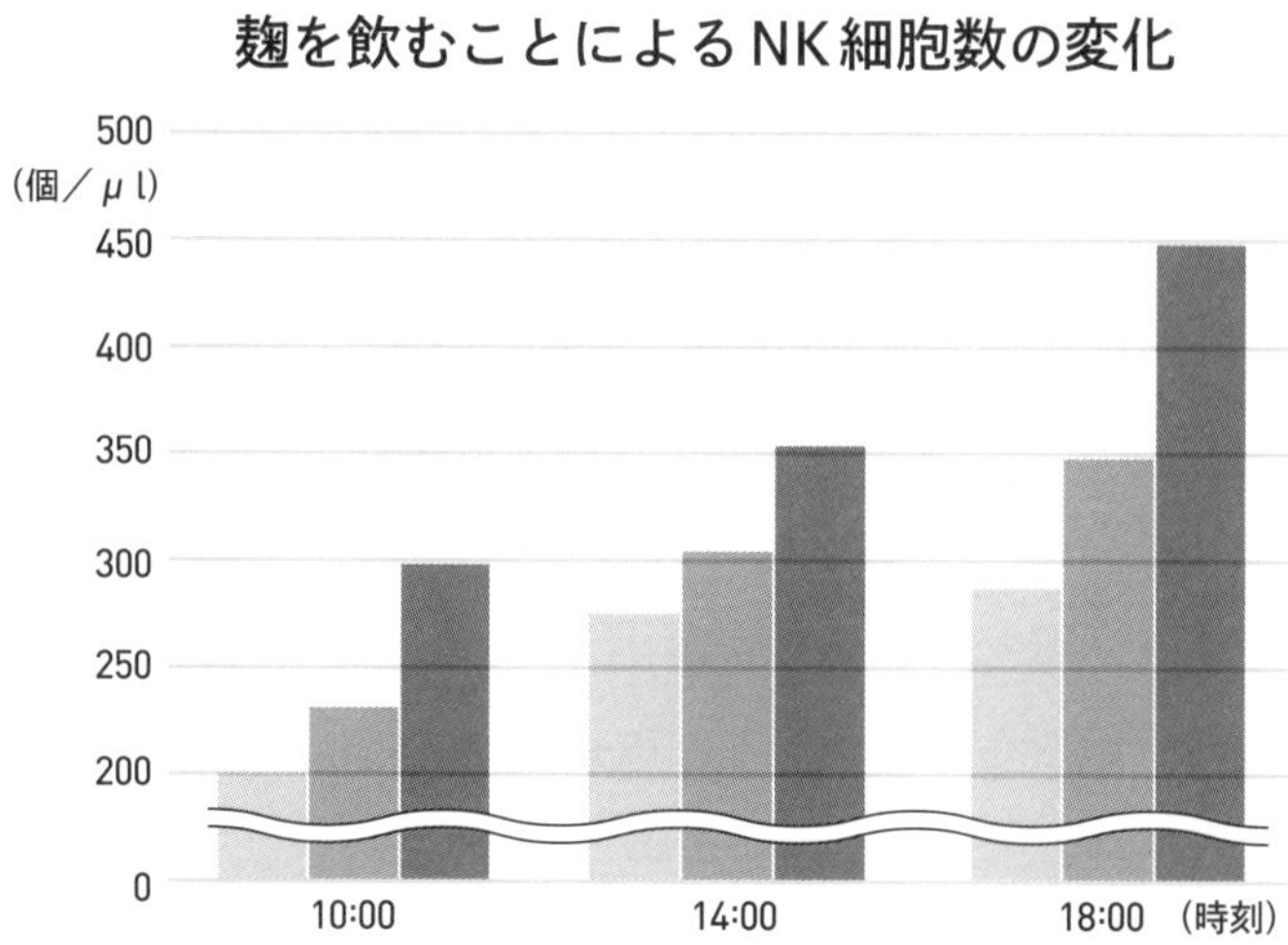

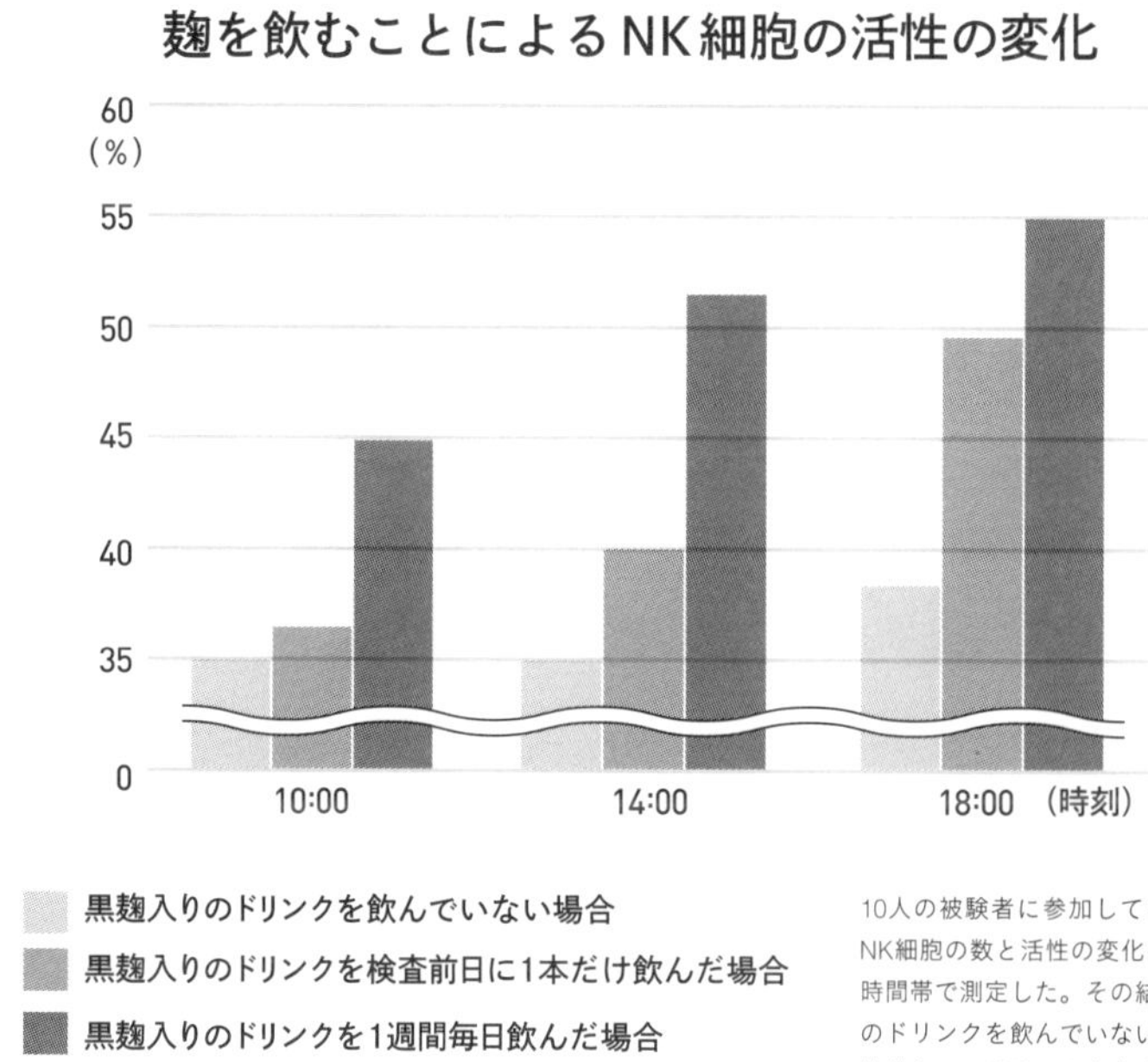

10人の被験者に参加してもらい、NK細胞の数と活性の変化を3つの時間帯で測定した。その結果、麹のドリンクを飲んでいない場合と比較して、ドリンクを多く摂るほど、NK細胞の数も活性もアップするということがわかった。

アトピー性皮膚炎や花粉症の人を手助け〈アレルギー疾患の軽減〉

免疫力が上がるということは、様々なアレルギー症状を軽減できるということでもあります。アレルギーというのはそもそも免疫の過剰な反応ですからね。

ラットを使った実験でもこんな効果が出ています。

ラットに2種の麹と2種の甘酒を一定期間与える実験の結果、**IgE抗体価**[*31]**が増加し、白血球**[*32]**とヒスタミン**[*33]**は減少**するという結果が出ました。つまり、アレルギーを軽減する効果が認められるのです。

またこれはデータではないのですが、私自身も元々喘息を持っていて、時々症状が出ていたのですが、麹の世界に戻ってきてから色々な形で麹を摂っていたら、今ではまったく出なくなりました。

父は一時期、花粉症が出てしまい辛そうだったのですが、自社の黒麹入りのマッコリを飲み続けているうちに、症状がピタッと出なくなったのです。

---

*31
人間の持つ抗体の中でもごく微量しか存在しない抗体。その人が反応を起こす物質に対する、特異的IgE抗体を持っているかどうかを血液検査で測定できる。

*32
体を守るために働いている血液細胞の一種。体内にウイルスや細菌、アレルゲンとなるホコリ、花粉、食べ物などが入ってきたときに闘う。好中球、リンパ球、好塩基球、単球（マクロファージ）、好酸球の5種類がある。ナチュラルキラー細胞はリンパ球のうちの一種。

*33
末梢神経、中枢神経系に分布する生理活性物質。反応を起こす物質（アレルゲン）が体内に入り、アレルギー反応が起こった時に放出される化学伝達物質のひとつ。

麹や甘酒を与えたラットのIgE抗体価の変化

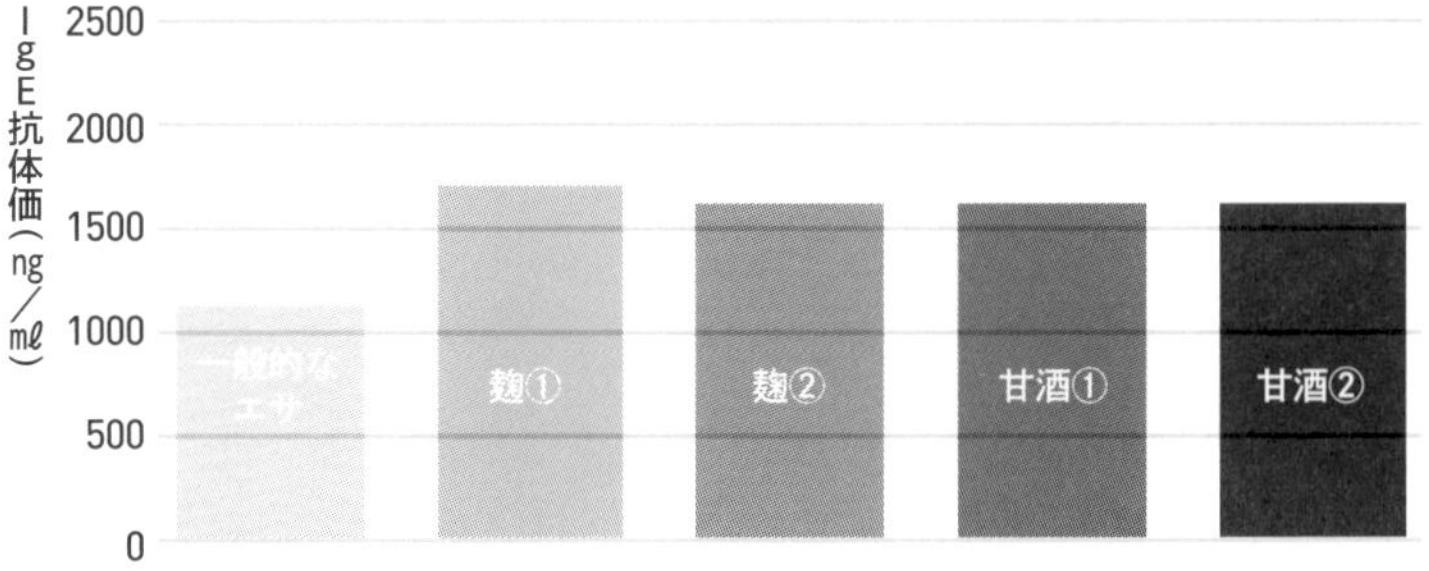

麹や甘酒を与えたラットの白血球数の変化

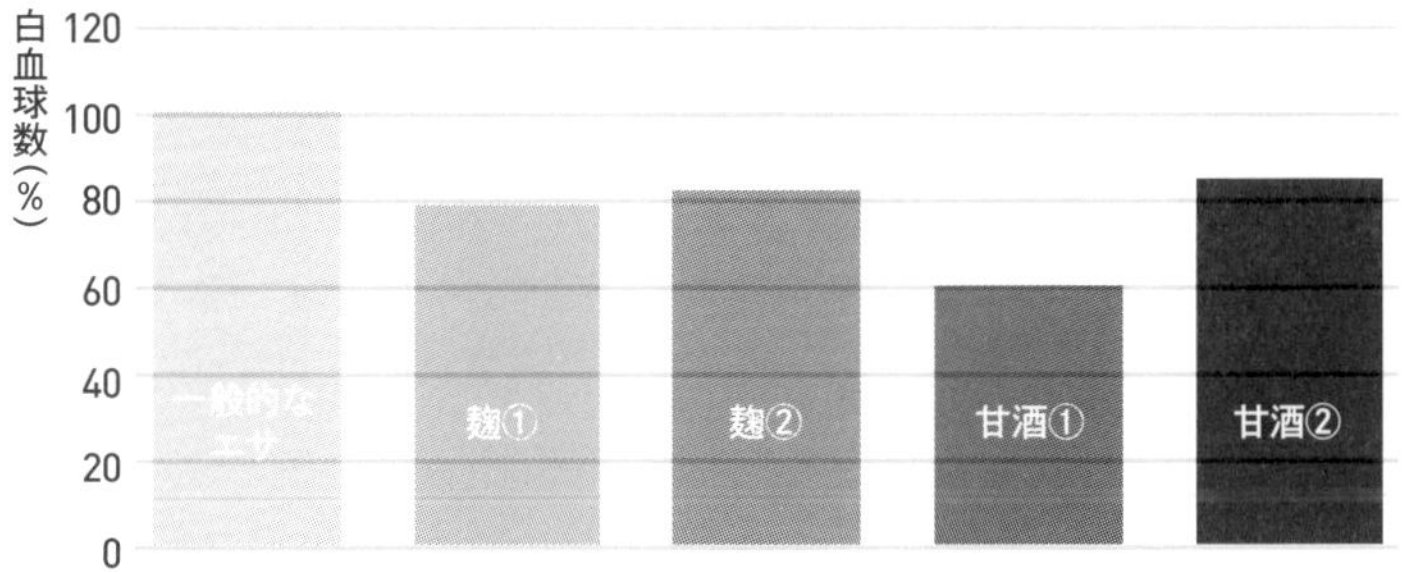

麹や甘酒を与えたラットのヒスタミン濃度の変化

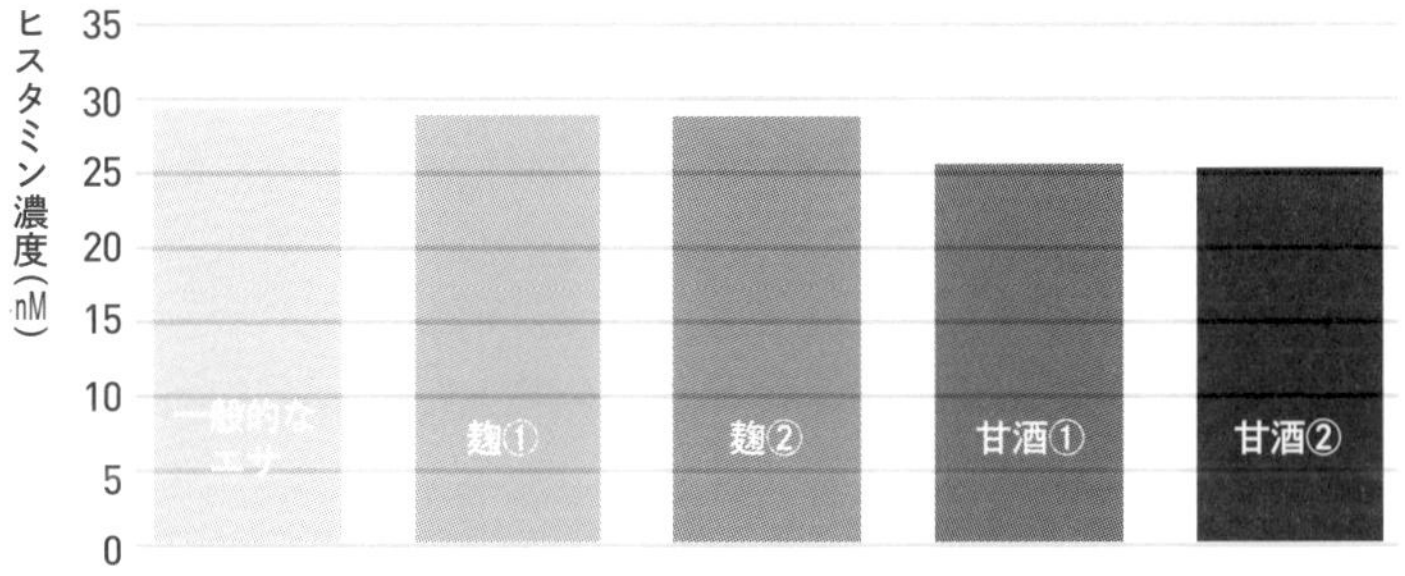

一般的なエサを与えたラット
麹①を与えたラット
麹②を与えたラット
甘酒①を与えたラット
甘酒②を与えたラット

ラットを５つのグループ（各６匹）に分け、一般的なエサ、麹①、麹②、甘酒①、甘酒②をそれぞれに２週間与えたところ、麹や甘酒を与えられたラットのIgE抗体価はアップし、白血球数とヒスタミン濃度は下がることがわかった。

これらの変化はみな、**麹によって腸内環境がよくなり、免疫力が上がった結果**だと思います。

そもそもアレルギーと呼ばれる症状は、昔はあまりなくて、ここ30～40年で激増してきました。花粉症の人も昔はほとんどいませんでしたよね。それがなぜここまで増えたのか。もちろん杉をたくさん植えすぎた、などの理由もあるのでしょうが、実は**人間側も弱くなっているんじゃないか、という説**もあります。

花粉症などのアレルギー症状が多いのは先進国です。いわゆる途上国に比べ、先進国は清潔すぎるし、また、ちょっとした病気で抗生物質を使いすぎている。抗生物質というのは病原菌などの微生物を殺すための物質ですから、役に立ってもくれますが、あまりに使い過ぎると腸内細菌も殺して減らしてしまう。だから免疫力が落ちたり調整ができずに暴走して、アレルギー症状が出るのではないか。

この考え方を**「衛生仮説」**と言います。

また衛生面以外で、近年で大きく変わったことと言えば、食生活です。

味噌の消費量が減っていることからもわかるように、昔ながらの発酵食品を家で食べる習慣が減り、保存料が多く入った食べ物や、冷凍食品をたくさん食べるようになっています。食べた物と腸内環境の関係は密接ですから、やはり**最近の人の食生活と、アレルギーが増えてきたことは関係がある**と思います。

先に、腸内細菌は種類が多い方がよいことがわかっている、と言いました。何かひとつ「○○菌」を摂ればよい、ということではなく、種類が多い方がよい。これが最近の医療界での定説です。

その腸内細菌の種類のバランスが崩れることを、「ディスバイオーシス」と呼びます。ディスバイオーシスの状態になってしまうと、様々な病気やアレルギーになりやすいことがわかっています。

その腸内細菌のバランスを、麹が整えてくれます。様々な腸内細菌が住みやすいような環境を作ってくれる。

麹を摂ることで**その人が持っている腸内細菌たちを活発にさせ、善玉菌と呼ばれる菌を増やし、よいバランスで共生させていく**ことによって、**免疫力が正常化してアレルギー症状が軽減**したり、ひいては**病気を抑えたり、何か悪い菌が入ってきても活動させない**ようにする。

麹はそういう形で、健康の手助けをしてくれる存在なんだと思います。

ちゃんと出るのはもちろん、便の状態が良くなる〈便秘改善〉

これだけ腸内環境が良くなると連呼していますから、改めて紹介するまでもないことかもしれませんが（笑）、麹を摂っているとお通じが良くなります。

麹のおかげで腸内環境が良い状態に変わり、便秘を解消できるのですが、ちゃんと理由があります。

先にもお話ししたように、麹を摂ると酪酸菌が増え、その酪酸菌が、酪酸という腸内の粘膜が必要とする物質をたくさん作ってくれます。

すると、腸の中の粘膜細胞が元気になるし、細胞の活動も活発になります。それによって正常な腸の〝ぜん動運動〟が起きるので、スムーズに便を出せる。

また麹を摂っていると、硬すぎず、下痢状でもない、バナナ状の良い便が作られて、スルンとスムーズに便が出ます。

これは、我が社の白麹の成分を摂っている人たちから、数え切れないくらいに届いている感想です。

ちなみに善玉菌が優位の状態だと腸内は酸性で、便の色は黄色みのある褐色、悪玉菌が増えやすい状態だと腸内はアルカリ性で、便の色は若干黒くなります。

酪酸菌は、酪酸と酢酸という酸性物質を作り、腸内を酸性に保ってくれます。だから麹を摂っていると悪玉菌が繁殖しにくく、便は黄色みのある褐色の便になります。恥ずかしながら僕も、いつも便は黒くありません。

ですから便秘で悩んでいる女性には、あまり便秘薬に頼りすぎるのではなく、麹をたくさん摂ることを勧めます。

麹でメタボリックシンドロームを撃退①〈高血圧抑制効果〉

腹囲で測る肥満、脂質異常、高血圧、高血糖などの、いわゆるメタボリックシンドロームと呼ばれる状態は、麹をきちんと摂っていて腸内環境がよい状態であれば、本来はそこまで悪化しないはずです。

まず、**麹菌が生み出す物質の中に、高血圧を抑える物質がある**ことがわかっています。

少し難しい話になりますが、高血圧を引き起こす原因のひとつに、アンギオテンシン変換酵素[*34]という酵素があります。この酵素の働きを、麹が作り出す物質が邪魔をする、阻害するんです。アンギオテンシン変換酵素の反応を抑えるので、結果、高血圧になりにくいというわけです。

ちなみにこの高血圧を抑える物質は、黄麹が作る酵素です。

最初は酒粕の中で見つかった物質で、これを高血圧のラットに投与したところ、

*34 アンギオテンシン変換酵素（略名・ACE）の働きによって、血圧上昇、心筋の肥大化などに関わるアンギオテンシンⅡという物質が生成される。そのためACEの働きを抑制することで、高血圧を起こす物質を作らないようにできる。

数値が15～30くらい下がったのです。そこから高血圧を抑えられるという研究が始まり、今では実証されています。

「味噌汁は塩分が多いので高血圧の人にはよくない」と以前はよく言われていました。しかし、味噌汁をたくさん飲む人とまったく飲まない人で血圧を調べたら、実際は数値は変わらず大きな差はなかった、という論文があります。

飲む人と飲まない人で血圧が変わらないということは、**味噌に含まれているなんらかの物質が、血圧を抑えるように働いている**と考えていいと思います。

ちなみに味噌は、基本的に黄麹を使って作ります。黒麹や白麹では味噌は作りません。黒麹と白麹はクエン酸を作るため、酸味が出てしまうので、単純に美味しい味噌にならないからです。

高血圧の人は、極端な塩分の摂り過ぎはもちろん避けた方がよいですが、味噌汁は避けるよりも、むしろ定期的に摂って麹を体に入れる方がいいと思います。

麹でメタボリックシンドロームを撃退②〈血糖値の抑制効果〉

高血圧と共に、**麹は血糖値の抑制にも効果を発揮**します。

腸内環境の話のところにも出てきた、酪酸菌という物質がポイントです。腸の中で酪酸菌が増えるとインスリンの分泌が増えます。インスリンは血糖を下げる働きをするホルモンなので、結果、血糖値が下がります（黒麹・白麹の場合）。また、鹿児島大学が中心となった研究では、高血糖のラットに米麹を加えた芋焼酎を与えたところ、血糖値が有意に低下するという結果も出ています（黒麹の場合）。

ですから**麹で作る食べ物をたくさん摂る方が、血糖値を抑制できる**のです。

「でも甘酒は甘いよね？」と思われるかもしれませんね。

確かに甘酒にはブドウ糖が含まれていますが、ブドウ糖単体というわけではなく、オリゴ糖も入っていますし、さらにビタミンB群、食物繊維、そして麹が作る大量の酵素なども一緒に含まれています。甘い味はあくまで自然の甘味であり、また糖分は、様々な成分と一緒に摂る方が血糖値は急上昇しません。ですから麹で作られた甘酒なら、そこまで極端に血糖値を急上昇させることはありません。

血糖値を気にするなら**注意すべきは、ブドウ糖果糖液糖、果糖ブドウ糖液糖などの「異性化糖」**[*35]**という糖分**です。

これらの糖は、体の中で消化酵素によって分解されることなく、腸からそのまま吸収されます。しかもその後、血液から細胞へと直接入っていくため、血糖値の急上昇や肥満の大きな原因になるのです。

この「異性化糖」は砂糖より安いので、市販の清涼飲料水、スポーツドリンク、調味料、ドレッシングなど、かなり多くの飲み物や食べ物に使われています。

血糖値に問題のある人は、製品の原材料名の部分をチェックして、できるだけ避けることをお勧めします。

そういう意味でも**麹から作る甘酒は、極端に血糖値の心配をせずに自然な甘さを楽しめる、優秀な栄養ドリンク**だと思います。ただし、すでに糖尿病を患っておられる場合は、甘酒は控えてください。

＊35
イモ類やトウモロコシなどのでんぷんを酵素で糖化し、その一部をさらに別の酵素を使って異性化させたもの。果糖という名前だが、実際の果物から作るわけではない。果糖含有率によって、ブドウ糖果糖液糖、果糖ブドウ糖液糖、高果糖液糖、砂糖混合異性化液糖、の4種類に分けられる。

麹でメタボリックシンドロームを撃退③
〈コレステロール値・中性脂肪抑制効果〉

前項と同様に鹿児島大学が中心となった研究では、**麹は総コレステロールを抑制してくれる**ことがわかっています。

しかも嬉しいのは、**悪玉コレステロールと呼ばれる「LDLコレステロール」だけが大幅に下がり、善玉コレステロールと呼ばれる「HDLコレステロール」は変化しない**、という結果が出ています。

ちなみに中性脂肪も大幅に低下するという結果が出ています。

実は僕も、決してやせ型の体型ではないのですが（笑）、中性脂肪の数値は正常ですし、善玉コレステロールの方が少し多いくらいの数値です。

健診で総コレステロール値や悪玉コレステロールの数値が高く、治療が必要、などと言われた時は、すぐに薬で下げようとするのではなく、まず麹を多く摂ってみてもよいのではないでしょうか。

甘酒
みそ
メタボ腹

脂肪を減らして筋肉が増える⁉〈ストレス解消とダイエット効果〉

これは多くの人にとって嬉しい働きだと思いますが、なんと黒麹、または白麹には**脂肪を減らし、また結果的に筋肉を増やすという効果**もあります。

そもそも高すぎる中性脂肪や総コレステロールを改善できるわけですから、結果、肥満が改善するというのは当然と言えば当然なのですが、これは少し詳しい説明が必要です。

まず脂肪に関しては、ラットに**麹菌（黒麹）を食べさせて腹腔内脂肪の量を調べた実験があります。するとと麹菌を食べたラットの腹腔内脂肪は、5〜10％ほど低下**しました。

また筋肉が増えるというのは、麹が何かたんぱく質などの物質を作ったり、たんぱく質に変わる、というようなことではありません。

異なるエサを与えた場合のラットの腹腔内脂肪の変化

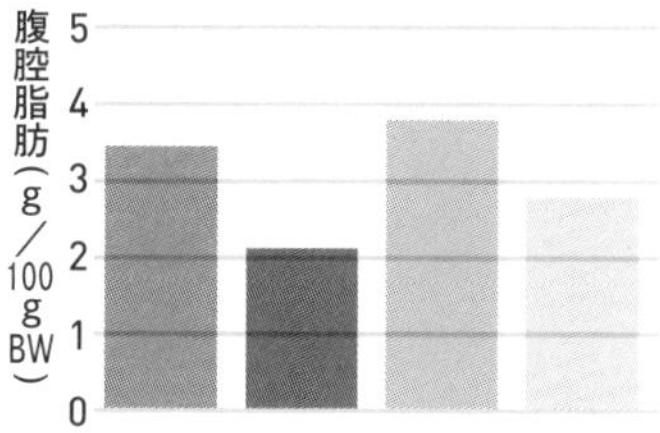

異なるエサを与えた場合のラットの血糖値の変化

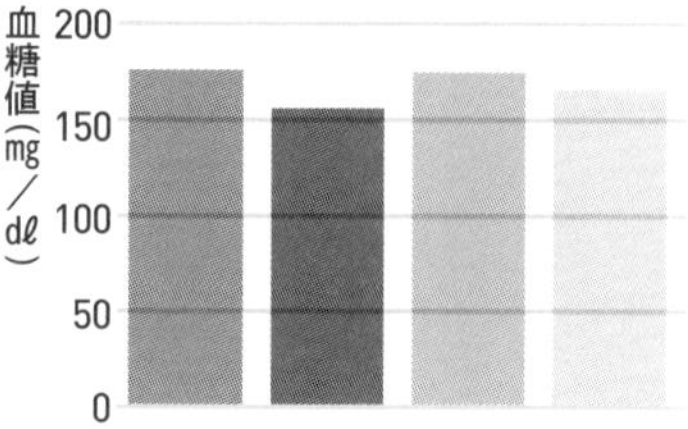

異なるエサを与えた場合のラットの中性脂肪の変化

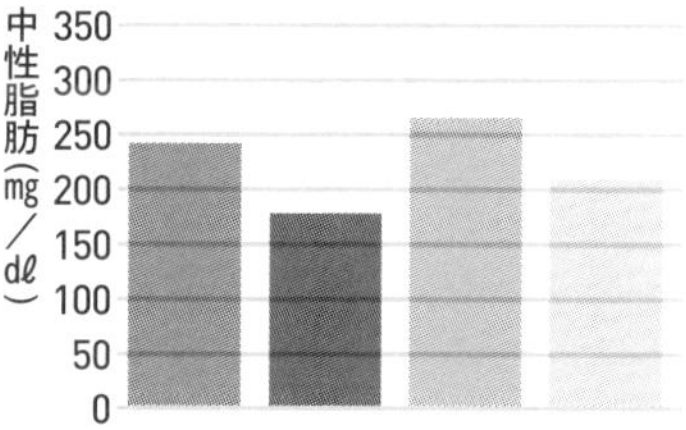

異なるエサを与えた場合のラットの総コレステロール値の変化

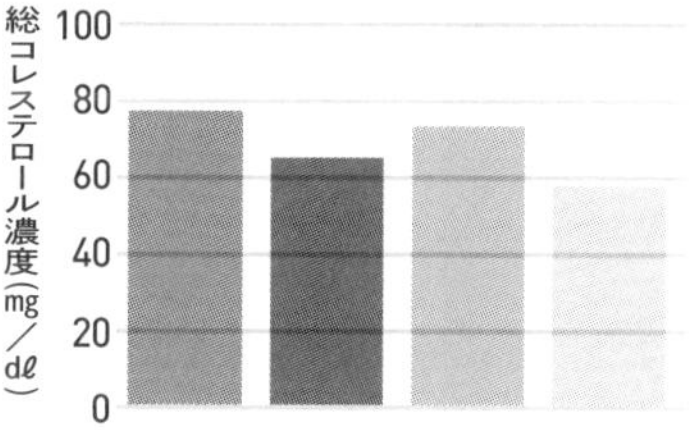

異なるエサを与えた場合のラットのHDLコレステロールの変化

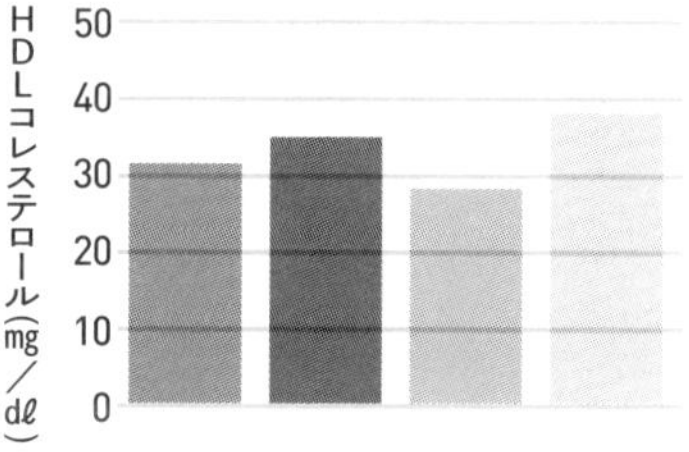

異なるエサを与えた場合のラットのLDLコレステロールの変化

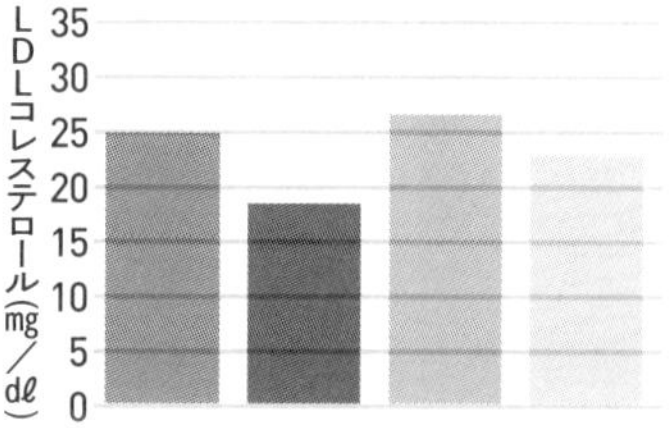

- 一般的なエサを与えたラット
- 麹をエサとして与えたラット
- 脂肪分の多いエサを与えたラット
- 脂肪分の多いエサに麹を混ぜて与えたラット

ラットを4つのグループに分け、一般的なエサ、麹、脂肪分の多いエサ、脂肪分の多いエサに麹を混ぜたものをそれぞれに2週間与えたところ、麹を与えたラットは腹腔内脂肪が減り、血液の状態もよくなった。

これは父が鹿児島大学の林国興教授とブロイラーを使った共同研究をした結果わかったことですが、まず麹菌（黒麹）が、ブトキシブチルアルコールという物質を作ります。

するとブトキシブチルアルコールが脳の下垂体を刺激し、ストレスホルモンのひとつ、ノルアドレナリン[*36]の分泌を抑制します。

ノルアドレナリンは、たんぱく質をアミノ酸に分解する働きを促進します。つまり、筋肉を分解するように働くホルモンなんです。そのノルアドレナリンの分泌が抑えられ、量が減るため、その分筋肉の分解スピードが遅くなる。

つまり、**ストレスが軽減されることで筋肉の分解が抑制され、結果として筋肉量が増える**のです。麹菌を与えたブロイラーは、麹菌以外に特別な食べ物を与えたわけではないのに、飼料栄養学の常識を超えて大きく育ちました。

脂肪が減って筋肉が増える。麹はそんな理想的な状態を作ってくれるのです。

またこの**ノルアドレナリンの分泌を抑制し、ストレスを軽減するという働きも、ストレスフルな現代人にとってとても嬉しい効果**だと思います。

もうひとつ麹とストレスについての話をすると、父が一時期、麹の研究のため

＊36
ストレスホルモンのひとつ。心拍数を上げて、興奮したり闘う時の状態になるよう交感神経細胞から分泌される。

に養豚業も行っていました。

豚は狭い小屋の中にいてストレスが溜まってくると、仲間の尻尾を噛んでしまいます。悪くすれば噛まれた方が死んでしまうこともあるため、生まれた時に尾を切るのが常識です。

ところが、父の飼っている豚は、尾を切らないまま育てることができました。麹の入ったエサを食べているためストレスが溜まらず、噛む行為が出ないからです。

そのくらい麹は、ハッキリとストレスを軽減してくれるのです。

現代はストレス社会ですから、皆さんもストレス解消やリラックスするための方法を様々に探したり試したりされていると思いますが、そこに「麹を摂る」という方法をひとつ加えてみてはどうでしょうか。

胃弱の人にも高齢者にも〈消化促進効果〉

麹は非常に多くの酵素を作り出すのが大きな特徴ですが、黒麹と白麹が作る酵素の中でも、特に酸性プロテアーゼという酵素が、消化促進にとてもよく働いてくれます。

この酵素は名前の通り、酸性の時に最も効果を発揮する酵素です。

人間の胃の中は、胃酸の影響で基本的に常にpH2という強い酸性の状態です。ですから酸性プロテアーゼは、胃の中でその効果を最大限に発揮することができます。それも、黒麹と白麹が作る酸性プロテアーゼが強くてよく働いてくれます。

黄麹の作る酵素もありますが、その酵素は中性の状態で力を発揮するタイプなので、胃の中では壊れてしまいます。

黒麹と白麹の作る酸性プロテアーゼはとても頑丈で耐酸性が強く、塩酸が含まれる強酸性の胃の中でもなかなか壊れず、力を発揮してくれます。

食べた物をさらに胃の中で細かく分解するように働いてくれるのです。

酵素が消化を助けてくれるため胃に負担がかからないので、元々胃弱な方や、歯が少なかったり状態が悪くてよく噛めない高齢者の方の消化促進にも、とても役立つと思います。

もちろん健康体の人でも、食べ物が細かく分解されてよく消化されている方が栄養も吸収しやすくなりますし、胃だけでなく腸にも負担がかからず、お腹全体の調子がよくなります。

また体内で作る酵素には消化酵素と代謝酵素の2種類がありますが、加齢と共に作れる量は減少していくので、**麹を食べて、その麹が作り出す酵素を消化に使えることは、体にとってとても大きな助けになる**のです。

麹の効果の中では地味な働きに見えますが、毎日を快適に過ごすためには欠かせない働きです。

何歳でも元気に過ごせる〈更年期障害軽減効果〉

麹が作る物質によって、ストレスが軽減されるという話をしましたが、このプロセスは、他の症状にも良い効果をもたらします。

例えば更年期障害です。

更年期障害は皆さんがご存じのように、女性ホルモンの分泌量が急激に減ってくることによって、様々な体やメンタル面の不調が起きることですね。最近では、男性にも更年期障害は起きるということがわかってきています。

女性ホルモンを出すように指令を出している場所と、自律神経[*37]の指令を出す場所は、どちらも脳の中の視床下部というところ。そう、同じ場所なんです。

ですから、女性ホルモンの分泌の方が混乱していると、近くにある自律神経の方も影響を受け、バランスを崩してしまいがちですし、逆もまた起こります。

自律神経のバランスを崩す大きな原因のひとつは、ストレスです。

＊37
交感神経と副交感神経の2種類。基本的に交感神経は日中に優位に働き、体を興奮して覚醒した状態にする。副交感神経は夕方から夜の睡眠時に優位に働き、ゆったり落ち着いた気分にする。強いストレスがかかったり、生活、睡眠のリズムが崩れると、自律神経のバランスも崩れやすい。

例えば、初めはストレスは特に強く感じていなかったのに、女性ホルモンのバランスが崩れたことで体調がすぐれず、そのこと自体がストレスになり、結果的に自律神経のバランスも崩す、ということがあり得ます。

逆に、仕事や家のことで強いストレスがかかり、自律神経のバランスが崩れた結果、女性ホルモンのバランスも大きく崩れるということもあります。

女性ホルモンと自律神経はお互いにセットで影響しあっていることが多いんですね。

そんな時に麹を摂ると、ストレスホルモンのひとつ、ノルアドレナリンの分泌が減りストレスが軽減されるので、更年期障害も軽減されるというわけです。

実際私の母は、父の影響で白麹の成分を長年摂っていますが、更年期障害はまったく出なかったそうです。

また、知人の奥様で更年期障害がひどかった方も、白麹の成分を摂るようにしてもらったらピタッと治まったそうです。

更年期障害がつらい女性、そして男性にも、麹は味方になってくれます。

少子化対策のキーとなるのは麹⁉
〈妊活のサポートに〉

麹を摂っていると起こる不思議な現象のひとつに、妊娠があります。と、この項目だけは父の方が実例をたくさん目にしているので、父にバトンタッチします。

麹博士：どうも、ここだけは私が説明させていただきますね。

麹で妊娠しやすくなる、というと、「またそんな大げさなことを言うな」と怒られそうですが、事実なのです。

これは笑い話でもありますが、霧島市のハローワークでは、「源麹研究所か河内菌本舗に入社すると、子供が生まれる」という噂がまことしやかにささやかれています（笑）。

我が社では社員にはみな、麹のドリンクやサプリメントを常時飲ませています。

以前入社してきた30代後半の女性が、「私、この会社に入ると妊娠するって聞いてきたんです」なんて言うのです。その時は「いや、そんなこと保証していませんよ」と返したのですが、しばらくしてある朝出社すると、私の机の上に手紙が置いてあり、「おかげさまで命をいただきました。ありがとうございます」と書いてありました。めでたく目的を達成し、辞めてしまったんですね（笑）。

また、とある男性で不妊治療をされていた方が私に会いに来ました。そして白麹の成分を摂るようにしてもらったところ、1か月後にお礼が来ました。

その方は以前の検査結果では精子数が8千だったのですが、白麹の成分を摂り始めた後で調べたら、なんと3億に増えていたそうです。また精子の活性率も、以前は8％しかなかったけれど、それが80％に上がっていたそうです。

これは私も驚きの結果でした。この方の話はたくさんある中の一例で、我が社には「おかげさまで妊娠しました」というようなお礼状がたくさんあります。

麹が妊娠のプロセスに直接関与するわけではないとしても、精子数が増えたり活性率が上がることを考えると、**何かしらホルモンバランスを正常に整えたり、精子や卵子を元気にすることに貢献しているのではないか**と思います。

ともあれ、大変で長期間にわたることの多い不妊治療に悩んでいる方は、白麹を摂ることを選択肢に加えてみていただきたいと思います。

リウマチの症状を軽減〈自己免疫疾患を抑制〉

麹はリウマチの症状を軽くできる可能性があります。「え？　リウマチを？　どうやって？」と思いますよね。

リウマチというのは、年を取ったら出てくる整形外科系の骨の異常のようなイメージを持っている人が多いのですが、実は免疫の異常からくる疾患。

免疫の過剰反応が原因で自分を攻撃してしまうことから起こる、自己免疫疾患なんです。自分の免疫が暴走し、関節にある細胞にくっついてしまって炎症反応を引き起こし、進行すると骨が溶けてしまいます。

60代以上の女性の5～10％がかかっていると言われ、今のところ完治の方法がなく、症状を抑えるためには免疫の働きを抑える薬を飲むしかないのが現状です。

ところが薬を飲むと、今度は免疫力が大きく下がり過ぎてしまうため、今回の新型コロナウイルスのようなものが流行すると、リスクがとても高くなります。

郵便はがき

おそれいりますが
切手を
お貼りください

102-8519

東京都千代田区麹町4−2−6
株式会社ポプラ社
一般書事業局　行

お名前	フリガナ	
ご住所	〒　　-	
E-mail	@	
電話番号		
ご記入日	西暦　　年　　月　　日	

上記の住所・メールアドレスにポプラ社からの案内の送付は必要ありません。□

※ご記入いただいた個人情報は、刊行物、イベントなどのご案内のほか、お客さまサービスの向上やマーケティングのために個人を特定しない統計情報の形で利用させていただきます。

※ポプラ社の個人情報の取扱いについては、ポプラ社ホームページ（www.poplar.co.jp）　内プライバシーポリシーをご確認ください。

ご購入作品名

■この本をどこでお知りになりましたか?

□書店(書店名　　　　　　　　　　　　　　　　　　　　　　　　　)

□新聞広告　□ネット広告　□その他(　　　　　　　　　　　　)

■年齢　　歳

■性別　　男・女

■ご職業

□学生(大・高・中・小・その他)　□会社員　□公務員

□教員　□会社経営　□自営業　□主婦

□その他(　　　　　　　　　)

ご意見、ご感想などありましたらぜひお聞かせください。

ご感想を広告等、書籍のPRに使わせていただいてもよろしいですか?

□実名で可　□匿名で可　□不可

一般書共通

ご協力ありがとうございました。

免疫力を下げるようなことをせず、薬ではないもので少しでも改善できたらいいですよね。はい、そこで麹の出番です。

白麹を摂ると、「制御性T細胞」が増えるということを先にお話ししました。「制御性T細胞」は免疫の調整役なので、これが増えると免疫の暴走を抑えられ、自分で自分を攻撃するのを抑制できる可能性がかなり高くなります。

実際僕の祖母はリウマチ持ちなのですが、**白麹の成分を摂るようになってから進行が遅くなり、飲んでいた薬を多少減らすこともできました**。また、麹水（3章で作り方を紹介します）を飲んでいた人の体験談で、やはりリウマチの痛みが軽減したという方がいらっしゃいます。

麹は「制御性T細胞」だけでなくNK細胞も増やすので、免疫力を全体的に調整し、底上げしてくれ、一挙両得です。

ぜひ臨床応用をしてみたいと考えていますし、免疫系の異常がある人には白麹菌をおすすめします。

初認可の美白有効成分は麹から〈美白効果〉

これは女性の方はご存じの方も多くいらっしゃるかもしれませんが、**麹は肌色を明るくしたり、シミを薄くする働き、いわゆる美白効果に優れています。**

その理由は3つあります。

ひとつはコウジ酸という成分の働きです。これは初めに黄麹で見つかったもので、**「コウジ酸を皮膚に塗ると美白効果がある」**ということがわかり、1988年に厚生労働省によって、「美白有効成分」[*38]として認可されました。

そもそも化粧品会社の人たちがコウジ酸の研究を始めた理由も、「麹を扱う杜氏たちの手が白く美しいことに注目したから」だったそうです。美容業界では麹の力に早くから気づいていたんですね。

ふたつ目の理由がビタミンBです。甘酒は黄麹で作るのですが、甘酒には、ビタミンB群やアミノ酸が豊富に含まれています。**甘酒を飲むことで、肌のハリや**

＊38
厚生労働省によって、「メラニンの生成を抑え、シミやソバカスを防ぐ」と効能を表示することを認められた成分のこと。現在認可されている成分はおよそ20種。安全性、有効性を証明するために、ひとつの成分が認可されるまでに10年近い期間がかかると言われる。

水分量が増えるという臨床結果はたくさん出ています。このビタミンB群も、美白の働きにつながっているのではと言われています。

また、**セラミド（肌の潤いを保つ物質）を作るグルコシルセラミドという成分が、米麹の成分の働きでセラミドを作るように作用する**という研究結果も多く出ています。

そして3つ目の理由が、麹が作るエルゴチオネイン[*39]という成分です。聞きなれない名前ですよね。

エルゴチオネインは、発見自体は何十年も前にされていたのですが、最近になって人の細胞に取り込めることがわかった物質で、含硫アミノ酸[*40]の一種です。

これは、**麹菌と、一部のキノコでしか作ることができない成分で、強力な抗酸化作用を持つ**ことがわかっています。特に、**紫外線による肌のダメージを軽減することで、シミができるのを予防**したりします。

まだまだ研究途上の物質で、麹ではなくキノコから抽出しようとしている人が多いのですが、総合的に考えると麹から摂る方が圧倒的によいですよね。

そして、杜氏さんの手が白くてキレイ、という話とまったく同じように、我が

＊39
アミノ酸の一種。キノコなどの菌類か、麹などの一部のカビ菌からしか作れない成分。抗酸化力が高く、その活性酸素除去能力が健康面、美容面両方から注目されている。

＊40
硫黄を含んだアミノ酸のこと。

家の種麹の製造に携わっている70代の女性たちもお肌がものすごくキレイで、シミもありません。僕の祖母は93歳ですが、肌はシワシワではなくプリプリです。

また父の話ですが、次の項目でも説明している麹のエキスが入ったスプレーを頭皮にシューシューかけていたのですが、その液が垂れてくるところにあったほくろのようなシミが、ある時ポロッと取れました。

そんな状況を見ていると、肌を美しくしたいなら、麹を利用するのが手っ取り早そうだなと思いますね。

70歳でも毛が生えてきた！〈育毛効果〉

これは白麹を使った物での話ですが、麹は育毛効果も持っています。

「そんなことできる？」と思われるかもしれませんが、実際に僕の身の周りで実証例がいくつもあるんです。

そもそも麹を育毛ケアに利用できないかと考えたきっかけは、ある実験です。その実験では、ラットに白麹のサプリメントを飲ませていました。数週間が経ったころ、飼育員の女性が、「こっちのネズミは飲ませていないネズミより毛ヅヤがいいですね」と言い始めたんです。

初めは「そうかもね？　でもたまたまじゃない？」と、本気で観察していなかったのですが、何度も同じことを言われるので、じゃあ試してみようと思い、白麹のエキスの抽出液を作りました。そしてまずうちの父親で試しました。

父は現在70歳で、試す前は年相応に頭頂部が薄くなっていましたが、本人の談によると、**麹のエキスをつけるとまず抜け毛が止まった**そうです。さらに使い続けていたら、**薄くなっていた部分にだんだん毛が生えてきた**んです。

とはいえ一人だけでは何とも言えないので、うちの社員で、やはり頭頂部から後頭部がはげている男性にも試してもらいました。

すると、こちらも毛がなかった部分に少しずつ生えてきて、だんだんはげている部分の境目がせり上がっていきました。全部フサフサで元通り、というわけではありませんが、以前は正面から見た時に頭頂部のはげている部分がわかったのが、今は正面から見てもわかりません。

彼はそもそもアトピー性皮膚炎で、かゆみが強いため頭をかきむしってしまい、そのせいでどんどん毛が抜けて薄くなってしまっていたんです。

さらに、薄毛対策として育毛剤を使っていたのですが、やはり化学薬品の成分が合わず、かゆくなってしまって続けられなかった。

ところが、この麹のエキスではかゆくならず、肌荒れも起きないから続けられると喜んで、今も使い続けています。

また別の70歳の男性も使い始めてみたところ、後頭部のはげていた部分に産毛

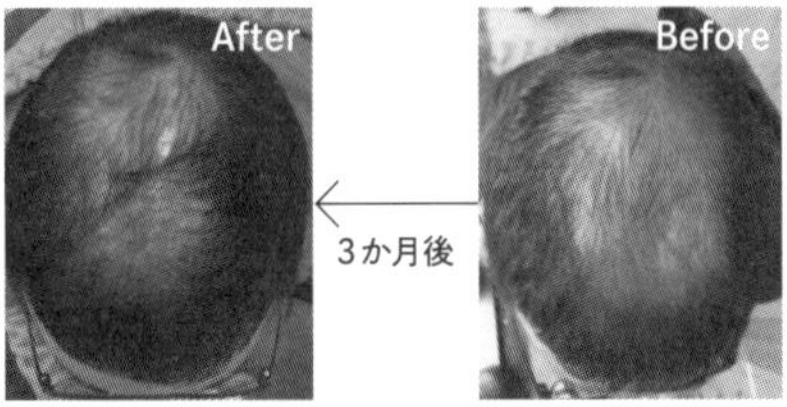

がたくさん生えてきました。また、髪全体にハリ、コシが出て、前髪部分などが自然に立ち上がるようになってきたそうです。

なぜ麹の成分が育毛によいのか。

これは、先にも出てきた、「制御性T細胞」という物質が関係していると思います。「制御性T細胞」は炎症を抑える働きを持っているのと並行して、頭皮の幹細胞を増やすという論文とデータ[*41]があるのです。

頭皮に「制御性T細胞」が増えると、頭皮の幹細胞が活性化する。つまり毛根が元気になるのですね。だから**麹のエキスをつけ続けていると、休んでいた毛根が活性化され、毛が生えてくるのではないか**と思っています。

もちろん使い始めてすぐに全体がフサフサになる、というわけではありません し、毛根が完全に働きを止めてしまっている場合は生えてこないこともあります。

ですが、70歳の男性でも生えてくるということは、もっと若い年代ならより生える確率は高いと思いますし、また強い化学薬品ではなく麹の成分なので、男性女性問わず頭皮が荒れやすい人でも、安心して使い続けられると思いますよ。

＊41
『Regulatory T Cells in Skin Facilitate Epithelial Stem Cell Differentiation. Ali et al. 2017, Cell169, 1119–1129 June 1, 2017』

気になる加齢臭もしなくなる〈消臭作用〉

麹の意外なメリットとして、体臭への消臭効果があります。

いわゆる**加齢臭にも、体臭がキツイと言われるような臭いにも、どちらにも効果**が出ています。

僕の母方の祖父が父親と同居しているのですが、同居を始めたころはかなり加齢臭が強かった。そこで麹をずっと摂り続けてもらったら、2～3か月で臭わなくなりました。また父も70歳にしては、嫌な体臭がまったくありません。

僕自身も妻や子どもたちから、「臭い」と言われたことは今のところありません。

そもそも体臭は、汗が出てそこに菌などがついて臭う場合もありますが、特に強く臭うのは、体から出る皮脂、脂が酸化した場合の臭いです。

加齢臭の原因は、年を取るにつれて「ノネナール」[*42]**という脂肪酸の分泌が増え、**

＊42
皮脂腺の中で、パルミトオレイン酸という脂肪酸と過酸化脂質が結びついて作られる、不飽和アルデヒドの一種。脂臭い、青臭い臭いを持つ。1999年に資生堂が発見。

それが臭うことです。今では一般の方でもノネナールという言葉を知っていますね。脂肪酸というのは脂を構成している物質です。また最近では、ノネナール以外にも加齢臭の原因となる物質が発見されてきています。

すると、ノネナールを消すための成分が入ったもの、また新たに見つかった物質を消すための成分が入ったもの……と、その原因となっている物質を消す、殺す、という西洋科学的な発想で製品が開発されます。

ですが、消す、殺す、と考えると、皮膚の常在菌も殺す成分を入れる、というような方向に行ってしまいます。

何が臭いの原因であるとしても、体が作る皮脂の構成物質は食べた物と関連しています。まずは食べる物を考え、麹を摂ってみてはどうでしょうか。

また食べ物だけでなく、強いストレスを感じて体臭がきつくなる場合もあります。麹はストレスを軽減することがわかっているわけですから、ストレスが原因で体臭がきつくなっている人にも役立ってくれますよ。

麹を食べてピンピンコロリ〈健康寿命を延ばす〉

人生百年時代と言われ、日本人の寿命はますます延びています。

ただ、よく言われることですが、いくら寿命が延びたとしても何年も寝たきりで過ごしたくはありません。できれば健康寿命が長い状態で生きたいですよね。

父もしょっちゅう、「仕事のできる状態で長生きをしたい、仕事年齢を延ばしたい」と言っています。

実は麹が長寿に関わるかどうか、という実験もマウスで行っています。白麹を与えるマウスと与えないマウス（各群12匹）で行いました。マウスの寿命は約2年程度です。さて、どちらが長生きしたでしょうか？

答えは、寿命は変わらない、です。

「麹を食べたマウスは食べない方よりかなり長生きしましたよ、麹ってすごいですね」と言えれば良いのですが、残念ながらそうはなりませんでした（笑）。

ただし、**2群の間には大きな違いがありました**。麹を食べていないマウスの群は年を取ってきたら徐々に毛が抜けていき、足もおぼつかなくなりヨタヨタし始め、死ぬ時期が近いな、ということがすぐわかりました。

ところが**麹を食べていた方のマウスの群はずっと毛ヅヤがよく、動きも元気でピンピン**しているのですが、予想していなかったある日、コロッと死にました。まさにピンピンコロリです。

なので、**麹を摂ることによって、寿命は延ばせないけれど健康寿命は延ばせる**と言えると思います。まだ論文にできるほどのデータを取れていませんが、引き続き研究してみたいと思います。

健康寿命を延ばすかどうか、という実験を人間で行うことはかなり難しいので、断言はできないのですが、やはり麹によって腸内環境が良い状態がずっと続き、免疫力が落ちないことが、健康寿命を延ばすことにつながっているのでしょう。

これからの時代にますます必要とされる力だと思います。

色々な形で麹が作用する〈様々ながんの症状に〉

さて、麹が体に及ぼす良い影響を色々と紹介してきましたが、その中でも医者の僕が心底驚いたのが、がんに対する働きです。

というと、また民間療法でとんでも治療みたいなことを言い出した、と思われてしまうかもしれませんね。そう思われるのもわかります。

では順番に症例をお話しします。

〈実例1〉：まだ僕が病院に勤めていた時に診ていた患者さんで、大腸がんのステージ4の方がいました。ステージ4で完治は難しい状況なので、抗がん剤は使っていましたが手術はせず、3か月に1度CTを撮って経過観察の状態でした。

その方に白麹の成分をサプリメントにしたものを毎日摂ってもらったところ、その後に撮ったCTでがんの大きさが小さくなっていたのです。抗がん剤治療はそれまでの間に1年続けていたので、突然それが効いて小さくなったわけではないでしょう。ですから、白麹が何かしら働いた結果と考えられるのです。

またこの方は、抗がん剤治療の影響でお通じがずっとゆるかったのですが、そのサプリを飲み始めたあとに「先生、便が普通に戻ったよ。食事がすごく美味しいよ」とおっしゃいました。血液検査の結果の数値も改善してきたのです。

〈実例2〉：これは僕が診ていた患者さんではありませんが、がんにかかった人から「白麹のサプリを飲んで手術に臨みます」という手紙をいただきました。

がんと診断されてから手術を受けるまでに1か月くらい時間があるため、その間にずっと摂っていたそうです。そして、実際手術でがんを取り出してみたら、術前の検査の時よりもがんが小さくなっていたのだそうです。この方は手術前に抗がん剤治療をしていたわけではありませんでした。

〈実例3〉：父の知人の奥様が子宮がんにかかられ治療をしていたのですが、薬の影響が強く、雷鳴頭痛というひどい頭痛が起きるようになってしまったそうです。

そのご夫婦がたまたま鹿児島空港の近くの我が社のショップに立ち寄り、黒麹のドリンクと白麹のサプリメントを購入し、奥様に両方飲ませ始めたら、ひどい雷鳴頭痛が起きなくなりました。そこで効果を実感されたので、薬を飲むのをやめて毎日黒麹と白麹を摂るようにし、手術に臨んだそうです。

結果は、がん細胞がなかったそうです。実際に検査の画像も送ってくれました。

信じられないような話かもしれませんが、そんな話がまだまだいくつもあります。前立腺がん、腎臓がんが消えた方もいます。

もちろん麹は薬ではないし、それだけですべてのがんが消えるわけではありません。

ではなぜ麹を摂ると、そんな風にがんが小さくなったり消えたりするのか。おそらくですが、**白麹によってがん細胞の成長しにくい環境が作られている**のだと思います。

僕は外科の医師なので、別に抗がん剤を否定してはいません。

抗がん剤は嫌いではないけれど、副作用は大嫌いです。しかも、抗がん剤だけでがんが小さくなる確率は、患者さんがつらい思いをする割には低い。**副作用を抑えながら抗がん剤を使うことができるのが理想**です。

ですから一番嬉しかったのは、抗がん剤治療中はどうしても食欲が落ちるのに、麹を摂った患者さんはお腹の調子がよくなり食欲が出たことです。**少しでもラクにがん治療をしていく上で、麹は役に立つ**と期待しています。

これからもそんな麹のメリットを生かしながら、がんの治療、研究を続けていきたいと思っています。

CHAPTER
3

麹なら“美味しい”と“体にいい”が同時に手に入る！

担当：麹博士・山元正博／麹先生・山元文晴

発酵の過程で様々な栄養を作り出す
日本古来のスーパーフード
麹を使った「塩麹」「甘酒」「麹水」で
毎日の食卓がもっと賑やかに
美味しく食べて体の中から健康に

和食の調味料のほとんどには麹が入っています

麹博士：この章は内容によって、私と息子、どちらかが担当していきます。

さて麹菌とそこから造る麹、また、麹を使った発酵食品が、私たちの体にいかによい働きをしてくれるか、がわかったところで、ではどうやって体に取り入れていくのがよいでしょうか。

製造過程に麹が入っている焼酎と日本酒を飲むのはもちろんおすすめなのですが、飲み過ぎには気を付けなければいけませんよね（笑）。また、お酒が飲めない方もいらっしゃいます。

まず、和食の根幹ともいえる「さしすせそ」の調味料のうち、**酢・醤油・味噌には造る過程で麹が入っています。また、みりんを造る時にも麹は使われます。**

それらを毎日の食事に使って食べていれば、麹を摂取しているとも言えます。

また精製された砂糖とは別物ですが、甘酒にはオリゴ糖の糖分が入っているので、甘みも麹で摂ることは可能です。

発酵食品が体に良いということが知られ、納豆や漬物、キムチやヨーグルトなどがますます人気ですね。それらを食べるのも良いのですが、麹屋としてはぜひ**毎日の基本の食事を和食にし、調味料に酢、醤油、味噌、みりんを使ってほしい**と思います。

なぜなら、それらの調味料の**製造過程すべてに麹が入っていて、その上「発酵」というプロセスが入っているから**です。

とはいえ、醤油や味噌を、単体で大量に食べることは無理ですし、摂り過ぎればもちろん塩分過多で体に悪い。お酢も、最近は飲む方もいらっしゃいますが、水のように大量には飲めません。

また、麹そのものを食べることもできなくはないですが、やはり料理に使うのではなく麹だけを大量に食べるのは難しい。

特に米麹の場合は炭水化物ですから、食べ過ぎればカロリーが高くなったり、血糖値が上がることもあり得ます。

そこで、この章でご紹介する塩麹や麹水、甘酒などの出番です。これらを普段の食生活に取り入れてもらうと食べやすく、麹が発酵というプロセスで作り出した膨大な栄養成分を、一度に多く摂ることができます。**塩麹や麹水は、麹を積極的に摂る方法としておすすめの方法**なのです。

しかも味が美味しいのです。

麹菌は、例えば米麹の場合なら、元の米だけの時にはなかった様々な栄養成分を作り出してくれます。

また先にも出てきたように、**麹は大量の酵素を作り出す**のです。その大量の酵素で、肉や魚などのタンパク質を分解していき小さなアミノ酸にする結果、グルタミン酸などのいわゆる〝旨み〟が増えます。

つまり、**美味しくてとても栄養価の高い、体に良い食べ物になる**わけです。

近年は次々に新たな栄養成分や、スーパーフードと呼ばれる食べ物が登場し、注目されていますが、日本には麹とそれを使った発酵食品という素晴らしいスーパーフードがあります。海外の流行を取り入れる前に、まずは**日本古来のスーパーフードである麹**をぜひ食べてください！

麹を食べる①「塩麹」
酵素が入っている物、いない物を見極めて

麹先生：およそ10年ほど前、塩麹が爆発的なブームになりましたね。その頃僕はまだ医療現場にいましたが、麹に注目が集まったことに驚きました。

しかも一過性のブームで終わらず、最近では一般の家庭料理に定着した印象があります。塩麹の深みのある美味しさと、さらに体にも良いということが理解された結果だと思います。

塩麹は麹、塩、水を混ぜて、一週間程度常温で発酵させただけ、の簡単調味料です。見た目は甘酒に似ていますね。

肉や魚の旨みが増したり、やわらかくなって美味しく食べられるので、我が家でも頻繁に利用しています。**肉、魚、野菜、どんな食材にも使えて、和洋中といった調理法にもとらわれないので、魔法の万能調味料**ともいわれています。

「麹の塩漬けが発酵したもの」とも言えるし、「大豆を使わない味噌」とも言える、

本当に便利な調味料です。

塩麹の何がよいのか、ということをネットなどでちょっと調べれば、膨大な情報が出てくると思いますが、話のメインとなるのは**「大量の酵素が含まれていて、その酵素がタンパク質をやわらかくしたり、旨みを出す」**という説明です。

この「酵素」ですが、1章、2章でも出てきたように、麹が大量の酵素を出すから、その結果やわらかくなったり美味しくなったりします。**麹は30種以上もの酵素を持っている**と言われていて、そんな食べ物はなかなかありません。

酵素は生の野菜や発酵食品に多く含まれているので、普通にそれらを食べるのもよいのですが、麹を摂ると労せずしてたくさん酵素が摂れるというわけです。

例えば、「消化促進効果」のところに出てきた酸性プロテアーゼという酵素は、タンパク質をアミノ酸に分解するので、その結果旨みを出してくれます。

リパーゼという酵素は、脂肪を脂肪酸とグリセリンに分解してくれます。つまり脂を分解してくれるので、脂っこさが少なくなるんですね。

他にも酵素のおかげでビタミン類、ペプチド類などなど、人間の体にとって有用な成分が多く作られます。

このように、酵素はものすごく体の役に立ってくれる物質なので、最近は「酵素が摂れる」という様々なドリンクやサプリメントが販売されていますね。ダイエットや美容のために、高い酵素ドリンクを試したことのある方もいらっしゃるのではないでしょうか。

ですが、ひとつ注意が必要です。**酵素というのは熱に弱く、65度以上では壊れてしまう物**です。加熱殺菌処理をされれば、やはり壊れてしまいます。

液体や生の食品として販売するものは、食品衛生法上必ず殺菌の義務が生じるので、処理済の物の中には酵素はほぼ入っていないんです。

一方の麹はというと、麹の場合は乾燥させてしまえば、液体ではないので殺菌処理の義務は生じません。ですから、**乾燥した麹を使って塩麹や甘酒、麹水を作れば、きちんと酵素が摂れる**のです。

ちゃんと酵素が含まれているものかどうか。そこを見極めることが大切です。

腐らせないための「塩」だから、塩分濃度が決め手です

麹先生：塩麹は麹と塩と水を混ぜて作ります。**なんのために塩を入れるのかといえば、腐敗防止のために**入れるんです。

ですから塩麹を作る時に大切なのは、塩分濃度です。

塩分濃度が薄すぎれば腐りやすくなるし、濃すぎれば体にもよくないし、ただ塩辛いだけのものになってしまいます。

そこを考慮した結果、**塩分濃度は12～13％がベストバランス**だと思います。

目的は腐敗防止なのですが、結果的にその塩のしょっぱさと麹が作り出す糖の甘味が溶けあって、まろやかなしょっぱさのある美味しい味になります。

ご自宅でご自分で塩麹を作る時の参考にしてください。

また我が社では、乾燥させた麹と塩をあらかじめ混ぜてあり、そこに指定の量の水を加えればよいだけ、の塩麹を商品化しています。

和にも洋にも万能な調味料「塩麹」を作ってみよう

ただ混ぜて置いておくだけで、誰でも簡単に作れる点も塩麹の魅力です。

ここでは我が社の作り方で、塩分濃度が11~13%になる作り方をご紹介します。

塩が少なすぎると、お酒やお酢になってしまう可能性もあるので、濃度だけ注意してくださいね。

塩麹

材料

米麹…300g

食塩…90g

水…400㎖

作り方

1　麹と塩をボウルや保存容器などに入れ、よく混ぜる。

2　まず指定の量の半分の水を入れ、フタをしてそのまま１日置く。

3　２日目に、残りの量の水を入れ、全体をよくかき混ぜる。

4　そのまま１週間から10日程度常温で置く（夏場は５日程度）。全体がなじむよう、１日１回かき混ぜて空気を入れる。

5　米粒がどろっとしてきて、指でつぶせるくらいに溶ければ発酵完了。味をちょっと見てみて、塩のしょっぱさの角が取れてまろやかになっていればOK。

★完成後は冷蔵庫に入れ、３〜４か月を目安に使い切る。

★量が多い場合は完成後に小分けにして冷凍庫に保管し、使うときは自然解凍して使用を。少量で作りたいなら、米麹…100g　食塩…30g　水…135㎖　のように各材料の割合を同じにすればOKです。

豚ロースの塩麹焼き

材料

豚ロース…180g × 2 枚
塩麹…大さじ 1 強

作り方

1 ビニール袋に豚ロースと塩麹を入れてよくもみ込む。
2 冷蔵庫で半日くらい置く。
3 袋から出し、表面の塩麹を少し落としてから焼く。

POINT

麹の脱臭作用のおかげで、いわゆる「豚臭さ」がなくなるので、豚肉の匂いが苦手な人でも食べやすくなります。血抜きの作用も働きます。

ももやすね肉などの硬い部位も、漬けておくとやわらかくなります。

焼く場合は、フライパンの上にクッキングシートを敷いてから焼くと、焦げ付きにくいです。

冷凍魚の塩麹漬け

材料

アジ、イワシ、サケなど好きな魚の切り身…適量
塩麹…魚の表面が隠れる程度の量

作り方

1　冷凍していた魚の表面に塩麹を塗る。魚の表裏の皮が隠れるくらいを目安に。
2　冷蔵庫で４～５時間置く。
3　表面の塩麹を少し落としてから焼く。

POINT

塩麹に漬けこむと、冷凍した魚に特有の臭みが簡単に取れます。

そのまま焼いてもほどよい塩気で美味しく食べられますし、南蛮漬けなどにすると、麹の酵素で魚のお肉が少し分解されて隙間ができているので、漬けダレの味も浸透しやすく、ふっくらやわらかい南蛮漬けが楽しめます。

もちろん、冷凍していない一般的な切り身の魚でもOKです。

野菜の塩麹漬け物

材料

大根、きゅうり、白菜など好きな野菜…適量

塩麹…目分量で野菜の1/10程度の量

作り方

1　野菜を洗い、水気を切って、適当な大きさに切る。

2　塩麹を加えてよくもみこむ。そのままジッパー付きの袋に入れて空気を抜き、冷蔵庫で一晩寝かせる。

POINT

通常、一晩では乳酸菌の増える速度はゆっくりです。けれど、塩麹を使えば、麹菌が乳酸菌の成長を促進する酵素を持っているため、一気に乳酸菌が増え、一夜漬けでも乳酸菌の出す旨みでしっかり漬かります。

麹のブルスケッタ

材料

塩麹…大さじ3

黒コショウ…少々

ごま油…少々

カットしたバゲット…適量

塩麹豆腐

材料

豆腐…１丁　　　塩麹…豆腐の表面を覆える量

作り方

1 豆腐をガーゼにくるむ。
2 塩麹の中に入れ、３〜４時間漬ける。
3 豆腐を取り出し、ガーゼを外して周りの塩麹を軽く落とす。

POINT

塩によって浸透圧が働くので、豆腐の水分が外に抜け、塩麹の酵素が豆腐の中に入っていきます。すると麹の出す酵素が豆腐のタンパク質をどんどん分解し、旨み成分のアミノ酸にしていくので、質感も味も凝縮されたチーズのような食感に。沖縄の「豆腐よう」にも似た、独特の味わいです。

作り方

1 塩麹、ごま油、黒コショウを混ぜてペースト状にする。
2 バゲットに塗って完成。お好みで、刻んだトマトをトッピングしても。

麹を食べる②「甘酒」より自然な甘みを食卓に

麹博士：麹を日常的に摂る物として、もうひとつおすすめしたいのが甘酒です。米麹と米と水だけで作れる、日本の素晴らしい食べ物のひとつです。

甘酒は〝飲む点滴〟とも呼ばれ、栄養が詰まった素晴らしい飲み物だ、という認識が広まってきましたね。

甘酒を強く勧めたい理由は、単に栄養がある、というだけでなく、これが自然の甘みの食べ物だという点です。そこが重要です。

最近の食べ物や飲み物には、合成の甘味料が使われ過ぎています。2章に出てきた「異性化糖」や、アスパルテーム[*43]という甘味料などは、すべて化学的に合成された甘みです。

アスパルテームの方は、自然界に存在しない甘みです。しかし、〝カロリーゼロ〟や〝ダイエット〇〇〟と名前の付くような物によく使われています。

＊43
アミノ酸の一種、アスパラギン酸とフェニルアラニンを結合して作られる、甘みを感じさせる物質。厚生労働省の定める指定添加物リストに入っていて、1日の摂取許容量は約2gに設定されている。

そういう甘みの何が良くないかというと、腸内環境のバランスを崩していってしまう点です。異性化糖もアスパルテームも他の栄養素のように分解できず、そのままの形で吸収されたり、吸収されても**ブドウ糖のようにエネルギーとして燃焼して使われることなく、そのまま体内に残り続ける**などの特徴があります。

2章で麹が腸内環境を劇的によくしてくれる、という話がありましたね。例えば、アスパルテームを摂っていたら、アスパルテームを食べる菌が腸内に増えていきます。これは実験結果も出ている事実です。

これらを摂り続けていると、自然界に存在せず分解もできない物質を分解しようと、それに特化した腸内細菌がどんどん増えていき、**腸内細菌バランスを崩すことにつながる**のです。

腸内環境がよくない時に体に出てくる弊害は、多岐にわたります。単に便秘や下痢といった便の状態だけでなく、**腸は免疫の要なわけですから、体全体の免疫力にも関係**しますし、最近では自閉症の子どもの腸内環境が崩れていることが多い、ということもあちこちで言われています。

精製された糖を摂り続けると、それに合わせた腸内環境になってしまうのです。

夏バテにも子どもの体調管理にも ここぞ！の一杯を甘酒に

ただ現実面として自宅で料理をするときに、現在は甘みを付ける調味料のバリエーションはあまり多くありません。精製された白い砂糖か同様の茶色い砂糖、オリゴ糖[＊44]、アガベシロップ[＊45]、ハチミツくらいです。

ですから我々は、甘酒を強くおすすめしているのです。

甘酒の甘みは、多く含まれているオリゴ糖の自然な甘さです。**オリゴ糖は腸内細菌の中でも善玉菌のエサとなるので、腸内環境をどんどんよくしてくれます。**

普通の甘酒は米麹の黄麹で作られますが、我が社では白麹を使って作る甘酒も販売しています。何が違うのかというと、白麹が多く作る糖は、オリゴ糖ではなくブドウ糖なのです。

ブドウ糖は体や脳のエネルギー源ですから、摂ってもすぐに分解されてエネルギーに変わりやすいので太りにくい、というメリットがあります。体力を消耗す

＊44 糖の中で、1個の糖で成り立つ「単糖」が、2〜10個結合している「少糖」。ビフィズス菌を増やし腸内環境をよくする物質として知られる。

＊45 主な産地として、メキシコのリュウゼツランから採られる液。甘さが砂糖の1・3倍ほどあるのに、GI値が低い甘味料として知られる。

る肉体労働の方や、脳を使う頭脳労働の方にはとてもおすすめです。

ただ糖尿病の方だけは血糖値に影響してしまうので、注意が必要です。

いずれにしても、できるだけ**精製された砂糖ではなく、ナチュラルな色々な糖が入った物を摂ってほしい**と思います。**甘酒も、飲むだけでなく調理にもどんどん使ってよい**と思うのです。

我が社は託児所を備えており、社員の子どもたちを預かっています。子どもはどうしても感染症などにかかりやすいものですが、子どもが病気になると大人にもうつってしまうので、子どもたちには我が社の甘酒を常に飲ませています。

そして定期的に子どもたちの便を検査しているのですが、**甘酒を飲み始めるとハッキリと便の状態が良くなります。**また病気にかかる子も極端に少ないです。

そして、最高気温が上がり続けている過酷な日本の夏バテ対策としても、ぜひ飲んでいただきたいと思います。

糖分に加えて、ビタミンB_1、B_2、B_6、パントテン酸、ビオチンなどのビタミン類などが含まれているのですから、**胃腸にあまり負担をかけずに体力回復ができる、素晴らしいスタミナドリンク**なんですよ。

甘酒を飲んだ園児の便の酢酸濃度の変化

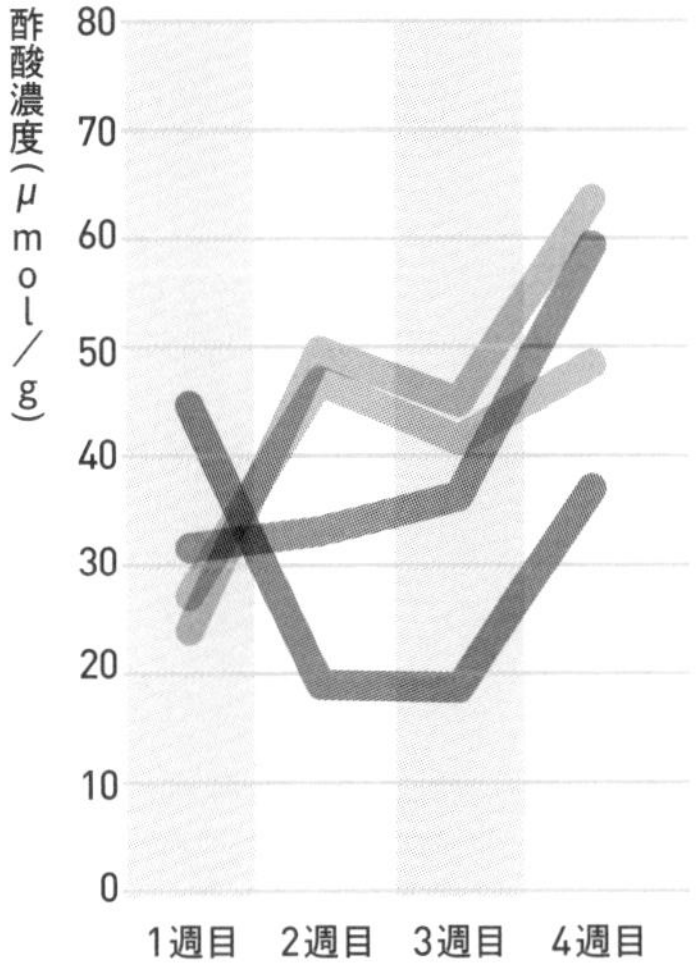

甘酒を飲んだ園児の便のプロピオン酸濃度の変化

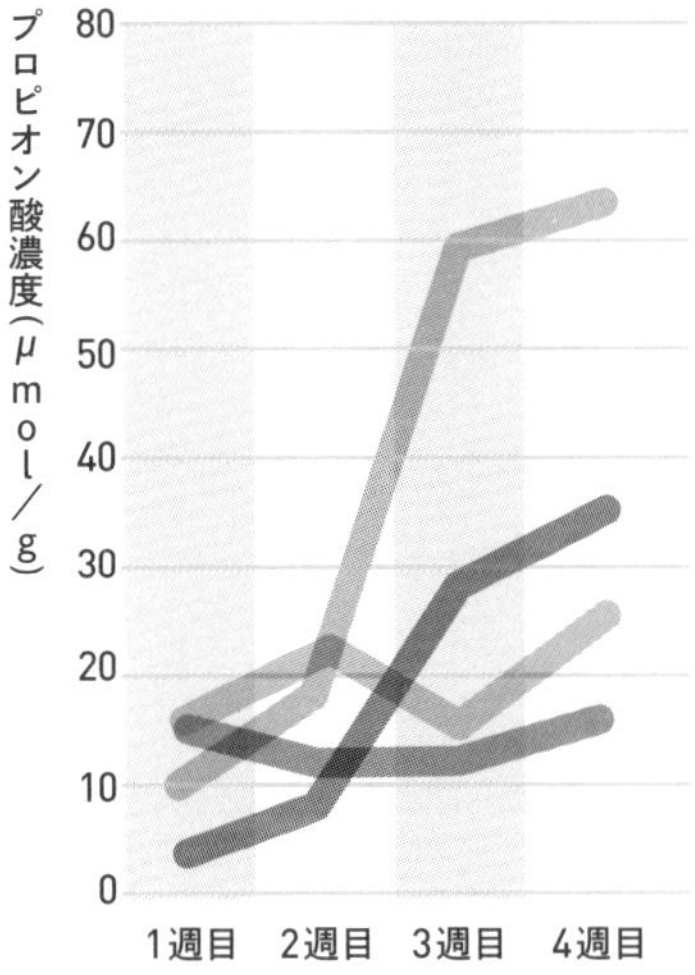

甘酒を飲んだ園児の便の酪酸濃度の変化

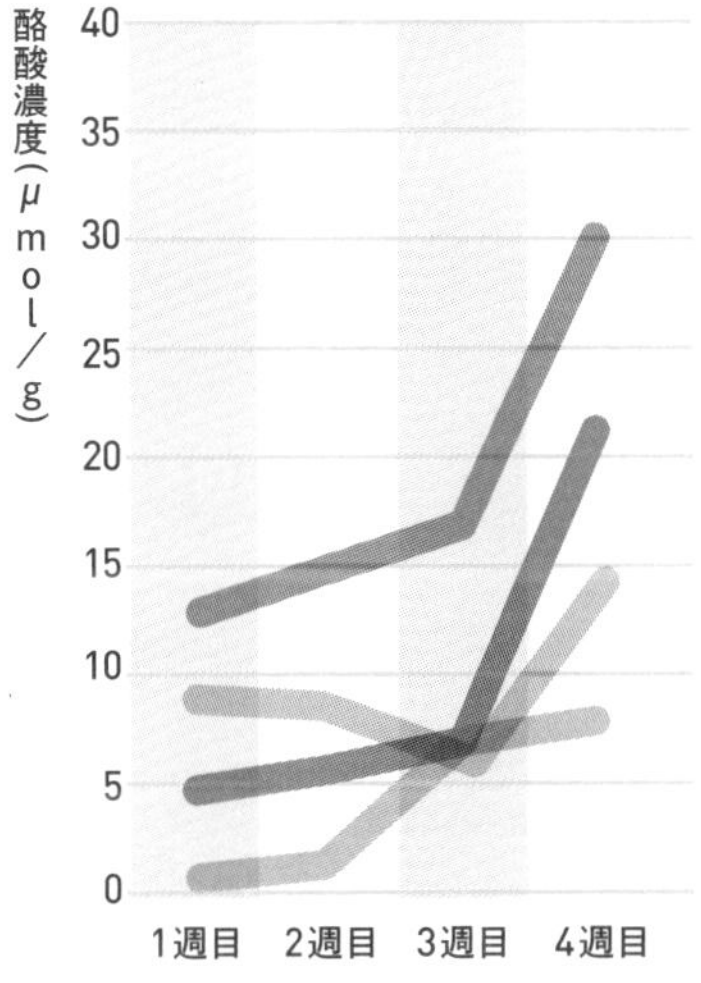

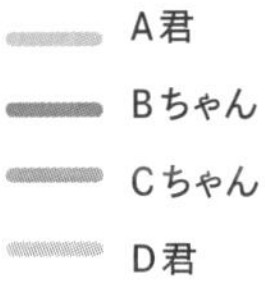

4人の保育園児に毎日100gの甘酒を飲んでもらい、4週間にわたって便の状態を調べたところ、腸の粘膜のバリア機能を高めるプロピオン酸や腸内環境の改善に役立つ酪酸の濃度が増えた。

日本の伝統的スタミナドリンク「甘酒」を作ってみよう

ひとことで甘酒といっても、いくつか種類があります。米麹から作るものと、酒粕に砂糖を加えて作るものです。

先に話したように、精製された砂糖はできるだけ使わないでいただきたいですし、米麹から作る甘酒にしか、様々な栄養は含まれていません。

ですから**甘酒は米麹から作られたものが一番**ですし、材料は珍しいものではないので、ご自分で作ってみるのもおすすめです。

作る際の**一番のポイントは、最適な温度を維持し続ける**こと。60℃はデンプン分解酵素（アミラーゼ）が最大に効果を発揮する温度です。

我が社には、米麹のみで作ったノンアルコールの甘酒もあるので、作るのが難しい方はそちらもどうぞ。

甘酒

材料
米麹…150g
うるち米、またはもち米…1.5合
ぬるま湯…150cc

用意するもの
炊飯器
温度計

作り方

1 うるち米かもち米をやや多めの水（分量外）でやわらかめに炊く。（冷ごはんを使用してもOK）
2 炊けたらかき混ぜて粗熱を取り、60℃くらいまで冷ます。
3 よくほぐした米麹とぬるま湯を加えて、しっかり混ぜ合わせる。
4 炊飯器を保温の状態にする（適温は55℃）。
5 30分～1時間おきにかき混ぜる。55～60℃を保つため、保温を切ったり入れたりを繰り返して温度を保つ。6～8時間したらできあがり。

★できあがったら冷蔵庫で保存し、1週間以内に消費する。冷凍保存の場合は、約1か月保存可能。小分けにしておくと便利です。

POINT
こまめに温度をチェックするのが難しい場合は、炊飯器のふたをせず、濡らした布巾などをかけた状態で保温し続けるといいですが、それでも温度が高くなりすぎる場合があるので、数時間おきにはかき混ぜましょう。

料理の調味料として利用

煮物などの味付けで砂糖を使うところを、甘酒に替えてみましょう。奥深くて、やさしい甘さに仕上がります。

スープやドレッシングに混ぜるという方法も簡単でおすすめです。

ピーナッツバター代わりに利用

甘酒にごま油を加えてミキサーで混ぜると、ピーナッツバターのような味に。これなら、ピーナッツアレルギーの子でも食べられます。

オリジナルカクテルに利用

甘酒に、米焼酎やラム酒をブレンドして、オリジナルのカクテルを作ってみてはどうでしょう。甘酒のほんのりした甘さとお酒のハーモニーが絶妙です。

ペーストやジャムに利用

甘酒と味噌を混ぜて、野菜を食べる時などのディップソースにする食べ方は、簡単で栄養たっぷりでとても美味しいです。

砂糖の代わりに甘酒を使ってジャムを作ることも可能です。きちんとジャムができるので、試してみてください。

麹を食べる③「麹水」
麹のメリットをお手軽に享受

麹先生：さて、麹を日常的に取り入れるもうひとつ便利な方法が、麹水です。

これは、水に麹を入れて、成分・エキスが溶けだしたものを飲むだけ、というとてもシンプルな飲み物なのですが、その割に健康面への効果がとても高い、と話題になっています。

飲んでいる人たちからは、**頑固な便秘が解消した、高かった血圧の数値が下がった、血糖値が下がった、アレルギーがよくなった、リウマチの症状が軽くなり薬が減らせた**、などなど、疑い深い人なら「本当に？」と眉に唾をつけそうな感想が紹介されています。

ですが、２章を読んでいただいた方は、麹を摂っていればそういうこともあるかも、と信じていただけると思います。**麹の酵素をそのまま取り入れられるのですから、様々な良い効果が現れるのも不思議ではありません。**

麹水は、麹を体に取り入れられるという点は塩麹や甘酒と同じですが、塩麹や甘酒はちょっと味が苦手、という人でも取り入れやすいのです。実際、甘酒は好きじゃないけれど、麹水は美味しく飲めるので続けられている、お肌の調子もよくなったという声もいただいています。

麹を体に取り入れるだけなら麹を食べてもよいのですが、米麹だと炭水化物なので、たくさん食べるとカロリーが気になる、血糖値が上がる可能性もある、などのデメリットがあります。また、塩麹や甘酒でもなく味噌や醤油になっているわけでもない麹だけを食べても、正直味はそこまで美味しくありません。

また、麹を1日300g食べるのは難しいと思いますが、500㎖～1ℓ程度の麹水を飲むことは可能ですよね。

そういう意味でも麹水は、**麹のデメリットは回避できて、メリットだけを体に取り入れられる**という意味ではとても良い飲み物です。例えば仕事がとても忙しく、料理があまりできない、という方でも、水と麹をボトルに入れて冷蔵庫で寝かせるだけでよいので、トライしやすいと思います。

調味料以外で手軽に麹を摂りたいと思ったら、麹水を試してみてください。

世界一のレストランが認めた白ワインを超える調味料

麹博士：デンマークのコペンハーゲンにある「ノーマ」というレストランをご存じでしょうか。ミシュランガイドで9回も星を取り、2010年から『世界のベストレストラン50』というランキングで4度も1位になったレストランです。

そこの料理は基本的には北欧料理ですが、大きな特徴は、発酵を調理の中のポイントとして取り入れている点です。**レストランには「発酵ラボ」があり、常に発酵について研究**をしています。なんと『ノーマの発酵ガイド』という本まで出しています。

その本の中では、酢・麹・味噌・醤油を取り上げて、レシピなども紹介されています。しかも、**「白麹というクエン酸を出す麹があり、コレを抽出した麹水は白ワインを超える調味料になり、とても美味しい料理ができる」**というようなことが紹介されています。まったくその通りです。

欧米ではあまり詳しく知られていない麹を、そこまで詳しく研究し取り上げてくれたことは嬉しさもある反面、日本発祥の食文化である麹のことを世界的に広めたのがヨーロッパの人だというのは、悔しいことです。

せっかくこれだけ豊かな麹の食文化を日本が作り出し、現代まで続けてきたのですから、**日本からもっと麹の素晴らしさを発信しなければならない**。麹屋としても強くそう思いました。

そこで今私は、元長崎のハウステンボスの料理長である上柿元勝シェフ[*46]と一緒に発酵レシピを作っていく、という楽しい企画を立てています。

日本独自の発酵食品である麹を使うと、いかに美味しい料理ができるのか。そこにはきっと、麹水も使われていくと思います。それをぜひ実現し、世界に紹介していきたいと思います。

また、先の項目で麹水のメリットをお伝えしましたが、唯一のデメリットとして保存性が悪いことが挙げられます。我々は酵素などの成分の保存性を上げた特殊な麹水を作り、近々販売できるように準備を進めているところです。

＊46
1991年から、ハウステンボス、ホテルヨーロッパの総料理長、及び総支配人、ハウステンボスホテルズ名誉総料理長を務める。2003年にはフランス共和国より農事功労章シュバリエを受章。天皇皇后両陛下をはじめ、多くのVIPの晩餐を担当。著書も多数。

飲んでも塗っても効果テキメン 「麹水」を作ってみよう

調理の必要もなく、**麹と水を混ぜて置いておくだけで作れる麹水**は、料理のできない方でもお年寄りでもお子さんでも、気軽に作って試せる飲み物です。

唯一の**注意点は、絶対に加熱しないこと**です。**65度以上の熱を加えたら、麹の酵素は破壊されてしまいます**。

また、同じ麹を3回くらいまで繰り返し使ってよいのですが、3回目頃には色や味が薄くなってくると思います。

それでも、麹の成分はきちんと水に溶けだしているので、安心して飲んでください。

このあとの番外編では、麹水を化粧水や入浴剤として使用する方法もご紹介します。麹の力を体の内側からも外側からも取り入れてみてください。

麹水

材料
米麹…100g
水…500㎖

用意するもの
お茶や出汁を入れるための不織布パック（大きめのもの）
麦茶などを作るポット

作り方
1　麹をパックに入れる。
2　ポットに**1**を入れ、水を入れる。
3　冷蔵庫で８時間程度置いてできあがり。

★できあがった麹水は、３日以内に飲み切る。必ず冷蔵庫で保存する。
★同じ麹を３回くらい繰り返し使ってＯＫ。

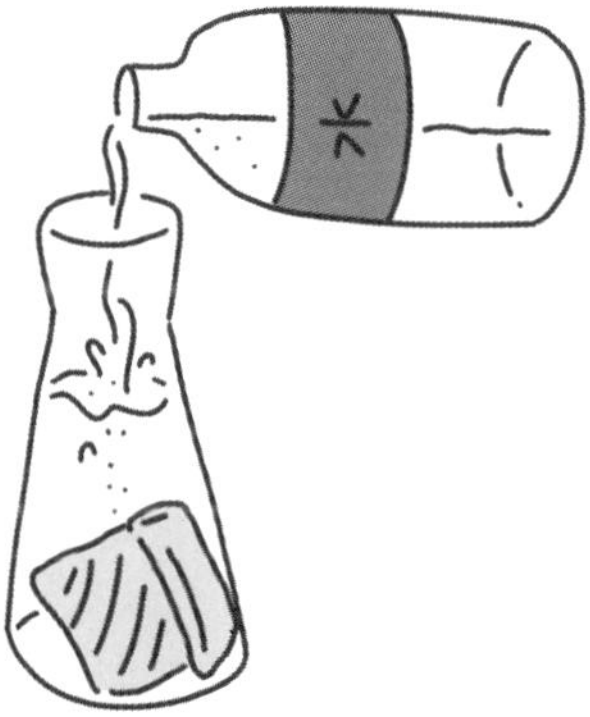

【番外編】「麹」でお肌をケアする

麹先生：2章で麹には美白作用や保湿作用があるとお話ししましたが、麹は化粧品や入浴剤のようにも使えます。余談ですが父は塩麹で歯まで磨くんですよ。

麹水を化粧水として利用してもよいですし、使い終わった麹を捨ててしまう前に、この方法でフル活用してみてはいかがでしょうか。

・化粧水として

麹水をスプレー容器に入れ、化粧水として使う。

★麹に含まれるタンパク質分解酵素（プロテアーゼ）でアレルギーを起こす人もまれにいます。肌が弱い方は、まず二の腕の内側などのやわらかいところにつけてみて、パッチテストをしてください。もし赤みやかゆみが出た場合は使用を中止しましょう。

・入浴剤として

麹水を作り終わった麹のパックをそのままお風呂に入れる。

CHAPTER
4

麹で
サステイナブルな
暮らしを実現しよう

担当：麹博士・山元正博

人間が麹の力を100％活用すれば
本当の意味でのリサイクルループが完成し
日本が抱える様々な問題も
世界規模の環境問題までも解決する――
麹に〝共生〟という生き方を学びましょう

麹がいま話題のSDGsのカギも握っている!?

ここまでは、麹が人間の体に対してできることを主に紹介してきましたが、この章ではそれ以外の麹の素晴らしい力と可能性についてお話ししたいと思います。

昨今は、**エコロジー**[*47]**、サステイナブル**[*48]**、というような言葉**があちこちで見られます。さらに、**SDGs（エス・ディィー・ジーズ）**[*49]**という新しい地球規模の目標**なども出てきています。

1章でも少し触れましたが、これらは結局、前世紀に私たち人間が行ったことのツケを皆で払っていかなければならない、そのための知恵を皆で出し合って協力していきましょう、ということです。

20世紀に大量生産、大量消費を突き詰めてしまった結果、廃棄物の問題、エネルギー資源の減少の問題、極端な気候変動、温暖化、河川や海洋汚染などなど、自分たちの生活に悪影響が出てくる結果を招いてしまったわけです。

＊47
元々は「生態学」という意味を持つ言葉だが、現在では自然環境に配慮する行為、人間の生活と自然環境の調和を目指す活動など、広い範囲の行動を象徴する言葉となっている。

＊48
「維持できる」「耐えうる」という意味の形容詞から転じて、「持続可能な社会」を意味する言葉となっている。資源や自然の環境を使いきるのではなく、先の世代にもつなげて続けていく、という理念でもある。

＊49
2015年の国連総会で、加盟国193カ国によって、2030年までの達成を目指して採択された目標。「貧困をなくそう」「エネルギーをみんなに そしてクリーンに」「気候変動に具体的な対策を」などの、17の大きな目標を掲げている。

ですからそれらの問題を、これ以上進行してしまう前に各国で協力してなんとかしようとしているわけですが、なんとここでも、麹と発酵が活躍するのです。と言われてもあまりピンとこない方も多いかもしれませんね。

まず、**発酵技術はすでに、食べ物を作るだけでなく、新しいクリーンなエネルギーを作り出す重要なプロセスとして活躍**しています。

例えば、バイオマス[*50]を利用して、石油などの今までのエネルギーに代わる資源を作り出し、車を走らせるバイオ燃料を作ったり、普通のプラスチックより環境に優しいバイオプラスチックを作る、などの製造過程には、実はすべて「発酵」が入っているのです。

また、日本でも一時期、産業排水による河川の汚染が大きな問題となりましたが、それを解決し、現在も行われている方法も「微生物による発酵」なんです。

そのように「発酵」は、すでに食べ物、飲み物を作る以外の分野でも貴重な技術となっているんです。

そしてここに、麹の出番もあるのです。

発酵というプロセスの中で、**大量の酵素を出して物質を分解し、他の物質に変**

＊50
植物、動物、微生物によって循環が完成され、構成されている自然界の有機物を、資源として見た場合の呼び方。21世紀以降に欠かせない「クリーンで再生可能な資源（石油・石炭を除く）」として、有効利用のために様々な技術が開発されている。

えたり、発酵の前にはなかった物質を生み出す点、また発酵の段階で強い熱を発する点は、元々麹の得意とするところです。

私はその特性を生かして、食品残渣[*51]の問題や、焼酎廃液[*52]の問題を解決する方法を開発したのです。

これは、深刻な環境問題を一部ではありますが解決できる方法です。SDGsの目標の中には、「海の豊かさを守ろう」「陸の豊かさも守ろう」というような項目がありますが、臭くて処理に困っているものをただ海や川に捨てるのではなく、有効利用する。そのためにもとても役立つ技術です。

また麹を上手く飼料に利用すれば、大掛かりな予算をかけずとも家畜を健康で大きく、肉質や卵の質もよくすることが可能です。

それは、畜産業者が大きな負担なく生産効率を上げ、また国内で美味しい肉や卵を生産、供給できるということになり、国内の食料自給率アップにつながります。ひいては世界の〝食品ロス[*53]〟の軽減にも役立てると思うのです。

麹にそんなことができるのか？　できます。

麹が発酵を行う時のパワーを、ぜひ皆さん知ってください。

＊51
食品関連の会社、店舗などから出る食物関連のゴミのこと。調理の過程で出たもの、消費期限の切れたもの、食べ残したものなどをすべて含む。

＊52
焼酎を蒸留した後に残る液体。

＊53
本来食べられるのに捨てられる食品のこと。農林水産省・環境省の2016年度の推計で、643万t。

環境問題に貢献　その1

そうだ、麹の発酵熱で焼酎廃液を乾かせばいい

我が家は麹のもとになる種麹を造っている種麹屋ですが、その種麹を焼酎を造る酒蔵に販売したり、自社でも焼酎やマッコリを造ったりしています。

基本的に工業製品でも食べ物でも飲み物でも、生産・製造するとゴミやいらない物が出ます。お酒の製造でも同じです。焼酎の場合は、最後の蒸留というプロセスの後、お酒になる液体と、そのアルコールが抜けた液体が残ります。後者は高い栄養価を持つのですが、昔は多くのメーカーが川や海に捨てていました。

ところが1996年のロンドン議定書[*54]で、焼酎廃液の海洋投棄が禁止に。ちょうど「黒霧島」が脚光を浴び始め、三度目の焼酎ブームが起きる少し前、焼酎廃液の処理が問題とされていた時代です。そこに海洋投棄禁止が加わったことで、どうにかして地上で廃液を処理する方法を考えざるを得なくなりました。

焼酎廃液の95％は水です。ですが元々が発酵残渣なので栄養価が高いため腐り

＊54　廃棄物などの投棄による海洋汚染の防止に関する条約。スタートは1972年で、ここで出てきているのは1996年に更新された時のもの。

やすく、放置しておくとどんどん腐って悪臭を放ち始めます。

水分だから加熱して蒸発させればいいのでは、と思われるかもしれませんが、1tの焼酎廃液を乾かすために、油代が1万円くらいかかります。石油をそれだけ使うという点を見ても、エコではありませんね。

そこで私は、**麹菌を造る時にあれだけ発酵して乾燥するのだから、その発酵熱を利用して乾燥させられないか**、という実務家目線の方法を思いつきました。

麹菌を造る時は、逆に「どうやって乾燥を防ぐか」という苦労をしているくらいですから、その発熱力はよくわかっていたのです。

そこから研究と実験を重ね、**数年かけて麹菌の発酵熱で焼酎廃液を乾燥させるという技術を開発**し、焼酎廃液の処理会社も設立したのです。

この方法だと、通常の加熱乾燥だと1t／1万円程度かかるコストが、同じ1tあたり1500円程度の電気代だけで済むのです。

これは自信を持ってエコな技術開発だと言えます。我が社の工場は現在も毎日フル稼働して、主に霧島市内の酒蔵の焼酎造りから出る廃液を処理しています。

環境問題に貢献　その2

ゴミや食品残渣が麹の力で飼料に変身!?

低コストで石油も使わない廃液の処理方法を開発したのはよいのですが、液体を乾燥し終わると、どうしても固形物、麹の塊が5％は残ります。1t処理をしたら50kgの固形物が残る。結局またその処理が必要になる。

これでは堂々巡りですよね。

さらにここでも麹の力に頼ってみることにしました。乾燥後に残る固形物に再び麹を生やして発酵させ、牛用の飼料として与えてみたところ、牛自体にも、環境にも、やはりいくつも良い効果が出たのです。

そこでこの焼酎廃液処理から出る固形物を、牛用の飼料添加物「源一号菌」として販売しています。

牛はご存じのように、胃を4つ持っていて、それぞれちゃんと理由と役割があります。

第一の胃は発酵タンク、第二の胃が攪拌ポンプ、第三の胃がフィルター、第四の胃は本来の消化を行う役割の部位です。

中でも大切なのは第一の胃で、**その胃の中に色々な発酵菌がいて、食べた物を十分発酵させます**。その後ろ過をしていき、四つ目で消化するのです。

現代では豚も牛も短期間で大きくするために、非常に栄養価の高い、トウモロコシなどの穀類を大量に食べさせているのですが、それを続けていると、第一の胃であるルーメン[*55]に存在する微生物層がとても薄くなってしまいます。

そうなると、第一の胃で発酵がしっかり行われないまま第二、第三を通って第四の胃へドドっと流れ込む。すると第四の胃の胃液が薄まってしまいます。

人間の胃も、胃酸を出してpH2くらいの酸性の状態にし、そこで殺菌し、食中毒が起きないようにしているのですが、牛もまったく同じです。

しかし、発酵がうまくいかないまま食べた内容物が第四の胃へドカっと入ってしまうと、胃液が薄まり、消化・吸収がうまくできません。専門用語で「第四胃変位」と呼ばれる疾病になってしまいます。

＊55
牛の腹腔内の大きな範囲を占める、嚢（のう）とよばれる袋のこと。そこに飼料を貯蔵し、微生物によって飼料を分解している。

それが、ちょっと麹（源一号菌）を足した飼料を食べさせるだけで、**麹のおかげでルーメン内の微生物が活性化してその菌層が厚くなり、発酵がうまくいく**ようになります。

きちんと発酵された物が適正な速度で第四の胃に到達するので、第四の胃の中のpHが適正に維持されて、胃の中で腐敗することがありません。ですから、**病気も劇的に少なくなり、牛舎も臭わなくなります**。

加えて、どうやらこの麹には妊娠促進作用があるらしく、受胎率が20％も向上するのです。酪農の場合、受胎率が向上すればそれだけ牛乳の生産も増えます。だから酪農家の間でこの飼料は大人気になっています。

乳牛だけではありません。肉牛でもその効果は顕著です。今では**鹿児島県内のビッグ5と呼ばれる大手農家のうち3社は、我が社の麹を利用**しておられます。

とにかくこの焼酎廃液から作った麹飼料を牛に食べさせると牛は健康になり、受胎率が向上することで牛乳の生産も増え、肉牛では肉質が大幅に向上するという、夢のような飼料ができたのです。

当初は販売に苦労した源一号菌ですが、今ではひっぱりだこの状態です。

またその頃並行して「食品リサイクル法[*56]」という法律ができ、施行されました。大量の外食産業やコンビニエンスストア、スーパーマーケットから出る食品残渣の処理は大きな問題です。どの企業も自社の食品残渣を、飼料や堆肥にしてリサイクルするよう取り組んでいますが、やはりコストの高さがネックです。

私は農水省の委員の一人として、**どうやって食品残渣を低コストでリサイクルすればいいのか**を考えることになったのです。

ある日、会社の前にある鹿児島空港が目に入りました。

空港からは、毎日大量の食品残渣が出ます。仕方ないとはいえもったいないことです。その**食品残渣に、黒麹を生やして発酵させ、家畜用の飼料を作れるのではないか？と思いついた**のです。

食品残渣に我が社の河内菌、黒麹を生やしてリキッドフィード（液体飼料）を作ってみようと考えました。

それまでのリキッドフィードはヨーロッパで開発された物で、乳酸菌発酵させた飼料でした。ですが、河内菌はクエン酸と酵素を大量に出すことがわかってい

＊56　2001年に施行された法律。食品関連事業所から出る食品の廃棄物の発生や総量の減量を目指す。併せて肥料、飼料などへのリサイクルを図り、推進する。

るので、乳酸菌でなく河内菌の麹を使えばもっと良いのではないか、と考えたんですね。

そして実際に自分で豚を飼い、麹を生やして作った飼料を食べさせて様々なデータを取っていきました。

「畜産業者じゃないのに、実際に豚を飼うなんて大変ですね」と言われることもありますが、実際に効果があるかどうか、の裏付けを示さないと企業にも畜産業者さんにも認めてもらえませんからね。今でも豚を1200頭飼っています。

そうやって実際に**豚に河内菌入りのリキッドフィードを食べさせて研究していたら、もう笑ってしまうほどに良いことしか起きない**のです。

私が考案したリキッドフィードは、食品残渣に水と黒麹の種麹をかけて発酵させるというシンプルな方法です。

この技術と飼料を「河内式黒麹リキッドフィード」と名付けました。

通常の食品残渣の加熱乾燥処理には、焼酎廃液の時と同様に1t/1万円程度かかります。ですが「河内式黒麹リキッドフィード」の場合、使うのは種麹の材料費のみなので、殺菌コストも含めて2000円程度しかかかりません。

発酵させる施設から建設すればもちろんそれなりの費用はかかりますが、施設のランニングコストが格段に抑えられます。

唯一の注意点は、黒麹、もしくは白麹の種麹を使うことだけ。黄麹では残念ながら腐ってしまうのです。

「河内式黒麹リキッドフィード」は、**コストは抑えて大量の食品残渣を飼料としてリサイクルできる画期的な技術**として特許を取り、大手コンビニエンスストアの関連会社などで導入されています。

さらに現在では、食品残渣だけでなく、通常の配合飼料に用いても非常に効果が高く、良質の豚肉を生産できるので、大手の畜産業者もこの技術の採用を開始しています。

こうして、牛用と豚用それぞれの、画期的な麹入り飼料が完成したのです。

環境問題に貢献 その3

麹飼料であの悪臭が激減します

麹を使って発酵させた飼料は、食品残渣を有効に二次利用できる、だけではありませんでした。

「河内式黒麹リキッドフィード」（以下、麹リキッドフィード）を与えていると、豚舎も臭わなくなるのです。

普通、家畜のいる場所は臭いですよね。100m離れたところからでもぷーんと臭うくらい。それが、**麹リキッドフィードを食べさせていると、ほとんど臭わなくなります。**

これも、麹の活躍によるものです。

通常の飼料を食べている豚からは、どうしても未消化物が出ます。糞を調べればすぐわかります。その未消化物がすさまじい臭さのもとなのです。

ですが麹リキッドフィードを食べると、麹が出す酵素が飼料をほぼ完全に分解・消化してくれるので、未消化物がほとんど出ません。

ですから食べ続けていれば、当然悪臭はしなくなっていくのです。

これはとてもわかりやすい麹の活躍の例です。

これには、黒麹と白麹の特徴である「クエン酸を出す」という部分が大きく影響しています。クエン酸を出す結果として、**黒麹と白麹の出す酵素は耐酸性がとても強く、pH2の強酸性の状態の胃の中でも、十分に力を発揮できる**のです。

畜産の悪臭問題、特に養豚業の悪臭は世界的な問題で、どこでも近隣住民とトラブルが起きるほど深刻です。早くきちんとした解決策を見つけないと、そのうち養豚業は廃れてしまうかもしれません。

そこで、麹リキッドフィードの出番、となるわけなのです。

環境問題に貢献 その4
麹を食べた豚の糞は素晴らしい堆肥になる

麹を入れた飼料で糞の悪臭を抑えられました。が、麹の仕事はそれだけではありません。我が社のグループ会社、「源気ファーム」という養豚場で、1200頭の豚を飼っています。そこで豚が麹リキッドフィードを食べた場合、どんなことが起こるか、どんなことができるかを、手を替え品を替え長年研究してきました。

麹リキッドフィードを食べている場合の大きな特徴がいくつもあります。

まず、麹リキッドフィードはpH4という弱酸性です。すると何がよいか。

pH6以下の弱酸性の中では、口蹄疫[*57]などの様々な病原菌は生きられず死んでしまいます。ですから病気が蔓延しにくく、豚が育つまでの死亡率が低くなります。

数年前から問題になっている、PED[*58]という子豚の下痢の病気がありますが、麹リキッドフィードを食べている豚はこの病気にかかりにくいし、もしかかって

＊57 口蹄疫ウイルスによってかかる、家畜伝染病のひとつ。非常に伝搬力が高く、主に牛、豚、ヤギ、ラクダ、鹿などがかかる。感染すると、発熱や水膨れができたりする。子豚、子牛は死亡する場合も。

＊58 豚流行性下痢（porcine epidemic diarrhea）のこと。豚や猪がかかるウイルスによる疾病の一種で、獣医師が届け出る、届出伝染病に指定されている。かかると子豚は特に死亡率が高い。人間には伝染しない。

も治ります。

また、麹リキッドフィードを食べていると、腸の中で乳酸菌を多く作るようになります。当然、糞にも乳酸菌が混じっているため、やはり糞も弱酸性です。するど**回虫などが生きられないので、豚の内臓が回虫で汚染されません。サルモネラだって怖くありません。**ね？　よいことばかりですよね？（笑）

さらに、この麹を食べた豚の糞からできる堆肥は「完熟堆肥」です。**完熟堆肥とは、堆肥に使われている有機物がしっかり分解・発酵していて、タンパク質の割合が9％以下のもの**です。土壌に害を及ぼす可能性が低く、腐敗させるような菌の増殖も抑制できる、と言われる堆肥ですが、麹堆肥はその条件を満たしている上に、麹ならではのすごい特徴を持っています。

麹菌が土壌中の善玉菌である放線菌やその他の菌を大いに活性化するからです。その結果、良質な土壌に必要とされる団粒構造[*59]の形成が促進されて、土はフカフカになります。そして、**作物の品質も収量も大幅に増加**するのです。

ちなみに、この技術で生産されている我が社の堆肥は、鹿児島県主催の堆肥コ

＊59　土の微粒子が小さな塊を作っている構造のこと。大きさの違う土の塊がバランスよく混ざり、保水性や通気性に富んだ状態の土。

ンテストで2年連続優勝を果たしています。しかも、豚糞の堆肥が優勝したのは初めてということで熱い注目を浴びています。

こんなこともありました。ある一流大学の土壌学の教授が、お弟子さんを引き連れて私の農場を見学されたのです。

この時私は比較しやすいように、麹堆肥を入れた蕎麦畑の隣に、普通の堆肥を入れた蕎麦畑を、半年がかりで準備していました。麹堆肥を入れた蕎麦畑の蕎麦は隣の畑の2倍近い大きさがあり、土もフカフカで足を踏み入れると5㎝ほど沈んでしまうほどでした。

これには学者の方々も驚かれ、教授はお弟子さんにこう話されました。

「諸君、今の蕎麦畑を見たか。すごいじゃないか。悪いが山元くんは土壌については素人だ。しかし、結果を出している。きっと彼は窒素・リン酸・カリのことについても詳しくはないだろう。それでも結果がすべてだ。バランスが悪くても土壌細菌が活発であればそれをカバーするんだろう。我々はこれまで土壌細菌を殺菌した土壌での研究がほとんどだった。でも土壌細菌の効果を研究すればこれまで以上にたくさんの論文を書けるぞ。皆頑張ろう！」

食品残渣を麹でリサイクルしてみよう、という思いつきから次々に麹の利用法が発展し、美味しい食物を育てる肥料を作れるところまできました。**麹のおかげで、本来の意味のリサイクルループが完成できる**のです。それについては、またのちのページでご紹介します。

いずれにしても、私もいまだに麹の特性には驚かされっぱなしです。

家畜を早く美味しく健康に　その1

麹を食べると家畜が早く大きく成長する

麹を生やした飼料のパワーがすごい、ということがよくわかったため、私は研究を続け、さらに進んだ麹飼料を開発しました。その麹飼料を「新河内菌黒麹」と名付け、牛、豚、鶏で実験・研究を続けていますが、畜産業界にとってもやはり良いことばかりだ、ということが続々とわかってきています。

その「新河内菌黒麹」（以下〝麹飼料〟）を食べていると家畜にどんな変化が起こるか、を紹介していきます。

まず**豚の実験で、成長効率が1割上がることがわかっています**。

通常養豚の世界では、生まれてから6か月で出荷されます。体重がだいたい110kgになった時ですね。

ところが麹飼料を食べている豚は、最低でも5か月半で110kgに達します。

イコール、回転率が1割上がる、売り上げが1割上がる、ということです。

とはいえ、早く大きくするために高額な飼料を与えて、コストがそれまで以上にかかっては意味がありませんね。豚の場合の飼料要求率[*60]の平均はおよそ3ですが、麹飼料の場合は2・7〜2・8です。**通常より少ないエサで体は大きくなるのですから、エサ代の節約になります**。

現在改良を進めている麹飼料では、さらに素晴らしい結果が出ています。

麹飼料を食べていると通常より体が大きくなるのは、ブロイラーも同様です。2章の「ストレス解消とダイエット効果」という項でもご紹介しましたが、**ストレスが軽減されるため筋肉の分解が抑えられ、結果、筋肉量が増える**のです。

牛も同様です。いわゆる肉用牛で、Aランクなどに入る牛は、通常1頭800kg前後に育った牛です。ですが、1日にたった30gの麹飼料を通常の飼料に混ぜて与えるだけで、その牛は900kgを超えるほど大きくなります。ということは？当然収入もアップしますね（笑）。

早く大きくするために消化しきれないほど大量の飼料を与えるよりも、ほんのちょっとの麹飼料をプラスするだけでよいのです。

＊60 "1kg体重を増やすために必要な飼料の量"のこと。

家畜を早く美味しく健康に　その2

麹を食べさせると肉質も卵の質も向上

食用の牛や豚は、ただ体が大きくなっても、味が美味しくなければ意味がありません。ですから、実験をする際には味の分析も必ず行っています。

160ページの実験では、食味試験も行っています。

麹飼料を食べていない豚と比べて、食感と脂っぽさ以外の、香り、多汁性、旨み、風味、そして総合評価で、**大半の人が麹飼料を食べた豚は美味しい、と評価**しました。

またある時、他県の名産の豚と、麹飼料を食べさせた豚とを試食する会がありました。焼肉としゃぶしゃぶを作って食べ比べたんです。

結果は、〝麹飼料豚〟の方は皆さん完食されましたが、もうひとつの方は残っていました。しゃぶしゃぶの鍋を見ると、〝麹飼料豚〟の方は灰汁がほとんど出ず、最後まできれいな状態でしたが、もう一つの方は灰汁が表面をびっしりと覆っていました。

また、麹飼料を食べた豚は獣臭さがほとんどない点も好まれたようです。

牛の方も優秀ですよ。鹿児島県内の肉用牛の業者さんの中では、麹のよさが認知され始めています。

第44回九州管内系統和牛枝肉共励会において、**ぶっちぎりの優勝を果たした牛農家も我が社の麹のユーザー**です。

鶏に関しても、**麹飼料を食べさせた鶏の卵は、品質のテストで日本一**になっています。現在も「薩摩赤玉（黒麹菌物語り）」という名前で販売されています。

我が家で食べる卵かけご飯も絶品でした。

麹飼料には、畜産業者さん側のメリットだけでなく、「美味しい」という消費者側のメリットもきちんとあるというわけです。

家畜を早く美味しく健康に　その3

麹を食べている牛は健康で、牛乳生産量もアップ

今度は肉用牛ではなく、乳牛の場合、牛乳についてです。

現在北海道の帯広では、実は麹飼料を食べている牛がたくさんいます。もしかしたら皆さんが飲んでいる牛乳も、麹飼料を食べた牛のものかもしれません。

乳牛が1日に食べるエサの中に、**たった30gの麹飼料を足すだけで、牛の腸内環境が変わります**。まず糞が臭くなくなります。

また北海道は鹿児島と違って寒いので、通常は発酵温度がなかなか上がらないのですが、**麹飼料を食べた牛の糞は、発酵温度が通常より20℃も高くなります**。ですから当然早く完熟堆肥が作れます。

そして驚くことに、**牛の受胎率が30%も向上する**んです。イコール、牛乳の増産につながります。牛は妊娠しないと牛乳を出しません。ですから、搾乳牛が増えたということは、妊娠率が上がったということなのです。

また、妊娠しなくなった牛は肉用牛として廃棄されますが、この廃棄率も半分に減少しました。妊娠する期間が延びたからなんです。その結果、**その農場では年間利益が32%もアップ**しました。

鶏の方でも似たようなことがありました。養鶏の世界では、最近の産卵率は95%ほど。100羽の鶏がいたら、毎日95個の卵が取れるということです。

麹飼料を食べたからといって、それが100個になるわけではありません。ですが、一度卵を産まなくなった鶏が、もう一度産むようになるのです。しかも、卵の品質が圧倒的に良くなります。卵を割ったときの黄身の盛り上がりが違ってくるのです。

普通は1年ほど経ったら廃鶏にして、新しい鶏に替えるのですが、麹飼料を与えている我が家の鶏は、丸2年卵を産み続けました。

そして、**豚も牛も鶏も、ストレスが少なく病気になりにくい。品質がよい。豚舎も牛舎も鶏舎も臭くならない。**

麹飼料を使うとメリットばかりで、悪いことがひとつもない、ということがおわかりいただけたでしょうか。

麹を使えば理想的なリサイクルループが可能です

焼酎廃液の処理と食品残渣の処理から、麹の新たな利用法を考え出したわけですが、これを**たくさんの業界や畜産業、農業で利用していただければ、理想的なリサイクルが可能**です。大枠は次のような流れです。

①食品業界やその工場から出る食品残渣を使って、麹飼料を製造
②作った麹飼料を豚に給餌。獣舎の床にはおが粉を敷く
③動物がおが粉の上で排泄し、おが粉の中で堆肥が発酵して完熟堆肥ができる
④完熟堆肥は近隣の農家へ。豚は食用として食品会社の工場へ→①へ戻る

ね？　きちんとループになっていますよね。

このループは現在すでに一部で実行しています。

農林水産省と環境省のデータによると、2016年度の時点で、**日本の食品残渣量はなんと2759万t**にも達しています。その中で本来食べられるはずの物、

いわゆる〝食品ロス〟の量だけでも６４３万tと、途方もない数字になっています。

そのうちの**半分、1/3でも麹飼料として利用すれば、とても効率の良いリサイクルループができます**。

そのためには、家畜の飼料をアメリカの物だけに頼るのではなく、ぜひ麹を使っていただきたいのです。

飼料に麹を使うだけで、従来の場合よりも家畜は早く大きくなり、エサ代は節約になり、悪臭がなくなります。コストは種麹の代金だけです。

国を挙げて、各企業がどんなにリサイクルを推進しようと頑張っていても、毎年２０００万t以上もの食品残渣のすべてをそのまま堆肥にするには時間がかかりますし、加熱乾燥処理をするにしてもその分化石燃料が必要になります。

また最近、年々大きな問題となっている〝食品ロス〟について、一般の方々の注目も上がってきていますが、その**食品ロスの一部でも麹を使って飼料にできれば、〝食品ロス〟の解消にもつながる**のです。

麹は人間だけでなく日本を、世界を救う。その証明はすでにできているのです。

遺伝子組み換え自体は怖くない!? 農薬成分は麹でデトックスを！

私が「麹が世界を救う」「日本を救うカギとなる」と考える理由は、環境問題に貢献できるから、だけではありません。

日本にとって少子化は深刻な問題です。

現代の若い男性は、1ccあたりの精子の数が1億を切り、およそ8000万匹だそうです。以前は1ccあたり3億匹でした。

これには、**長年の農薬による影響が少なからずある**と思います。

なぜかというと、1章でも少し触れましたが、まず除草剤がもとになって稲がフタル酸エステルを作ることがわかっています。そして、鹿児島大学の林国興教授との研究で、**フタル酸エステルが原因となり、マウスの睾丸が小さくなるという結果**が出ました。

除草剤は、国内の農業の多くで使われているし、アメリカでも当然使われています。家畜が食べるトウモロコシも、麹の次に和食の基本となる大豆も、アメリカから大量に輸入しています。

2015年の時点では、**米国産のトウモロコシを輸入している国ランキングでは、なんと日本が1位**です。また日本の大豆の国内生産量は、全体の需要のたった7％程度。ほとんどを輸入に頼っているのです。

アメリカからの輸入食物というと、〝遺伝子組み換え〟の食べ物を警戒し、拒否する声も多いのですが、**なぜ遺伝子組み換え食品が良くないか、という本当に恐れた方がいい理由**が理解されていないと思います。

トウモロコシや大豆を収穫する際に雑草が邪魔になるので、雑草を殺すために除草剤を撒きますね。除草剤を撒かれた時に死なない作物を作るために、遺伝子組み換えをしたわけです。ですから**怖いのは、トウモロコシや大豆が大量の除草剤の成分を吸い上げているという事実**であって、遺伝子組み換えそのものではないのです。

林先生の研究では、ｐｐｂ（10億分の1）レベルの濃度の除草剤の分解産物の影響で、マウスの睾丸が3割小さくなったのです。その成分を吸っているトウモロコシや大豆を人間が食べたらどうなるでしょう？

アメリカ側は「トウモロコシや大豆は牛や豚が食う物だから大丈夫だ」と言います。しかし特に大豆は、日本では人間が食べる物です。ですから私は、遺伝子組み換え食物を作ってもかまわないけれど、除草剤は使わないで欲しいと思っています。

また**国内の家畜が、輸入されたトウモロコシや大豆の飼料を食べるわけですから、食べた牛や豚にも除草剤の成分は残る**でしょう。

その牛や豚を我々は食べるわけです。ですから**除草剤の成分を完全に避けることは、不可能に近い**のです。

無農薬の野菜や米を作ったり食べたり、飼料にこだわっている牛や豚を選んで食べるという方法も意味がなくはありませんが、先にも言ったように、フタル酸はマルチ栽培で使うビニールにも含まれているのです。100%避けようとしたら、食べられる物がなくなってしまいますし、体にまったく入れないのは難しい。

そこで麹。それも、黒麹と白麹です。その2種類の麹はフタル酸エステルを分解します。

さらに2章でも触れたように、不妊治療をしていた男性が、白麹のサプリメントを摂り始めて精子数が莫大に増えました。女性の側の妊娠率が高くなるということも、我が社をはじめ多くの実例が存在しています。

体に有害な成分をデトックスし、妊娠しやすい状態へ整えていく。

それも、麹ができることのひとつなのです。

麹は何もしない？キーワードは〝共生〟

麹が発酵を行う時のパワーと、その結果できること、を駆け足でご紹介してきましたが、麹のすごさが少し伝わったでしょうか？

麹は本当に人間の体にも環境にも、良いことしかしません。何か悪いことがあった、と聞いたことがありません。**本当に驚きの微生物**です。

しかもまだまだ、パワーのすべてを解明しきれていないと思います。

なぜかと言うと、**麹は単体で活躍しているわけではない**からです。

もちろん麹菌は、自ら酵素を作り出したり、他の善玉菌を増やす物を増加させたり活性化させる、などの働きをします。

ですが、何か病気や不調の原因があったとして、麹がその原因の菌と戦ったり、直接何かしたりしているわけではありません。

2章でストレスホルモンを抑制する、ブトキシブチルアルコールという物質が増えるという話がありましたが、ブトキシブチルアルコールを麹が作っているんだろうと思って調べると、麹が直接その物質を作っているわけではないのです。

でも、鶏の腸の中では確かに増えている。**麹はただ、ブトキシブチルアルコールが増えやすい環境を作っている**んだと思います。

酪酸菌も同じです。酪酸菌を作る酪酸が増えやすい環境を、麹が作ってくれています。

これらの現象は、今までの西洋科学の考え方では証明がとても難しいのです。

事実、私は2015年にプラハで開催されたEU家禽学会で、麹菌をわずかに添加するだけで鶏の盲腸内で酪酸が増えるというデータを世界で最初に発表したのですが、無視されてしまいました。

欧米の科学者には、まだ共生という概念が理解できないようです。

西洋科学の考え方は単純で、Aという物質があるからBになる、BがあるからCになる、という考え方です。

もしくは、感染症を治そうと思ったら、何か特殊な武器を持った微生物を探し、その病気の原因となっている微生物やウイルスを殺す、という考え方です。

ですが、麹の作っている世界はその考え方のみでは理解ができません。


キーワードとなるのは〝共生〟という考え方です。

A・B・C・Dがあって、全部でEになっていますよ、というような、**言ってみれば東洋医学的な考え方**ですね。これは欧米の方にはなかなか受け入れがたい考え方だと思います。

例えばお酒ひとつを例にとっても、ビールやワインなどのアルコール度数はだいたい13％以下です。度数が13％くらいまでいくと、通常はアルコールが酵母を攻撃して弱体化してしまうので、欧米の方はアルコール度数というのは、13〜14％が限界だと思っています（蒸留酒はまた別です）。

ところが焼酎もろみは、15〜20％。日本酒は15％程度のものが多いのですが、それは、「日本酒として販売できるのが22度未満」と決められているからで、20度くらいのものも存在します。

これを知ると欧米の方は、「なぜそんな高い度数になるんだ、アジアの奇跡だ」と驚かれます。

簡単に言うと日本のお酒の造り方は、**片方で麹がお米から糖を造り、もう片方ではその糖を酵母が食べて同時にアルコールを造るという、並行複発酵**[*61]です。

ワインは単発酵、ビールは単行複発酵といい、どちらもひとつの工程で行われていることはひとつです。

ところが日本のお酒は、**麹と酵母がひとつの工程の中で、同時に協力し合ってふたつのことを行いながら、お酒を造っている**のです。

高いアルコール度数のお酒が造れるのは、酵母がどんどん糖分を食べるので糖分が蓄積せず、発酵が抑制されない、酵母が元気な状態でアルコールを造り続ける、などの理由が考えられるのですが、さらによく調べたところ、**麹の中に、酵母のアルコール耐性を上げる物質がある**ことがわかりました。

麹がいると、酵母がより高いアルコール濃度の中でも発酵することができる。**麹が酵母をよりよく働かせている**、とも言えますね。

それこそがまさに、麹の特徴であり、魅力なのです。

＊61　米などのでんぷんの糖化と、アルコール発酵の工程を、同時並行的に行わせる方法のこと。

周りの環境全体を、良い方向へ持って行く働きをする。自分のいる環境に存在している他の生物も元気に働けるような環境に整える。**決して他の物と戦わない**。それが**麹の持つ〝共生〟の力**なのだと思います。

だからこそ、実験して何かしらの効果を証明しようと思うとかなり難しい。対象物がひとつではなかったり、相関関係を調べるのに時間がかかってしまいます。

ですが、私たち人間を見ても決してひとりで生きているわけではなく、肉も食べれば米も野菜も魚も食べて、腸内や皮膚にも色々な微生物を飼っている。**人間ひとりの体の中で、たくさんの生物の代謝活動が複雑に混ざりあって起きています**。さらに他の動物でも、それが土の中、海の中などの地球の自然環境まで見ても同様です。

麹はそこで、**自分も周りもよい状態になれる環境を作る**ことで、総合的に人や動物を健康にしてくれたり、堆肥となっても飼料となっても、その場その場の状態をよくするような菌を呼んで働いてもらったり、その菌が活性化しやすい環境を作っているのではないでしょうか。

この〝共生〟の姿勢を人間も見習わなければなりませんね。繰り返しになりますが、**本当に奇跡の微生物であり、神様からの人類への贈り物**です。

そんな麹とはるか昔から仲良くする術を見つけ、食文化を究め、伝えてきた日本人を、本当に誇りに思います。

また食べる以外の分野でも、麹は同じように発酵して活躍してくれることがわかってきたのですから、この先も麹が人間にも世界にも自然環境にも、あらゆる分野で役に立つよう、研究を続けていきたいと思います。

親子対談

麹の力に魅せられて

4代にわたって麹と向き合ってきた山元家のおふたりに、麹の面白さ、魅力、これからの夢について語ってもらいました。

「え⁉　麹って毒の仲間？」の衝撃と実際の効果でハマった

――おふたりは現在、麹漬けの日々を送っていらっしゃいますが、初めからそうだったわけではないんですよね？　麹に集中することになったきっかけを教えてください。

山元正博（以下、正博）「私は元々麹を造っている会社の中に住んでましたからね。朝目が覚めれば、おやじが米を蒸しているという中で育った。自然に親を尊敬していますから、私もこういう世界で生きたいなと思い、**大学で発酵学の研究室へ入ったのに、『残念だね、うちの研究室では麹は終わってるんだ』と言われてしまった**。その言われたセリフが悔しくて（笑）。麹にはもっとできることがあると思っていましたから。それで仕方なく意に反して、在学中は抗がん剤などの研究をしていましたが、やっぱり麹がいいやと思い、帰ってきたんです。そこからですね」

山元文晴（以下、文晴）「僕も記憶はないのですが、子どもの頃は麹の中で過ごしていたようです。ただ父とは違い、麹に対する特別な思い入れはまったくなかった。**父親が麹に一生懸命過ぎて怖いくらいだったので、なんか麹は怖いものなんだと感じてたくらい（笑）**」

正博「そうなんだ（笑）」

文晴「なので医者の世界に入り、7年ほど普通に勤めて中堅のドクターになりつつあったところで、**父が白麹の成分を使ったサプリメントを開発してしまった（笑）**。それでまあうちの家業だし、と思い、大腸がんの患者さんに飲んでもらったんですよね。そうしたら、抗がん剤治療の患者さんに目に見えて食欲が出るという結果が出た。**患者さんにも『先生、これすごいですね、なんで効くんですか？』と聞かれるんだけど、その時点では麹のことをまったく知らないので答えられなかったんです**。その時は、麹がアスペルギルスだということも知らなかった」

正博「後で驚いてたもんな」

文晴「はい、え？　麹って毒のアスペルギルスなんだ!?　と衝撃を受けました。そして麹に関する論文なんかを探したり調査したんですけど、そういう物がほとんどない。そこで、これは面白いぞと思ったんですよね」

――面白そうな匂いが麹にあったんですね。

文晴「そうですね。医者としてある程度自信がつき、仕事も好きな状態でしたが、もう一度、新しいこと、面白いことをやってみようと思っていた時期でもあって。**我が家の家業である麹が、本当に医療に使えるかもしれない。でもエビデンスがまったくない。それなら僕がやってみようと、麹の道に進む決意をしました**」

正博「私はあくまで微生物学者として麹を研究しているので、医療の世界は知らないわけです。サプリメントも、私はまず豚で研究していましたから。でも**これが人間の役に立つのなら、麹の力を証明するひとつの例になるなと**」

文晴「多分、麹で医療を真面目に考える人なんか他にひとりもいない。腸内細菌がさんざん注目されていますが、それを麹を使って変えたり、麹で酵素を補給して健康に役立てよう、なんて本気で考えている人は、世界中を見てもいないと思うんです。なので、やるとしたら僕しかいないよね、と。今になって、やっちまったな、難し過ぎるなこれ、と思ってますけど（笑）。先はまだまだ長そうで」

正博「これは嬉しい流れでした、いい相棒ができたという感じで。今は私が主体だけどどこかでバトンタッチして、私は麹の知識をサポートして、という風に変わっていければいいですね」

底が知れない麹のポテンシャルと共生力

——実際に麹の働きを研究し始めて、驚かれることが多かったそうですね。

文晴「そうですね、2章で紹介しているような良い働きが次々わかって。そこでは紹介していませんが、日焼けや手荒れにも効くんですよ。日焼けでヒリヒリしているところへ、白麹成分入りのスプレーをつけたらヒリヒリが治まるし、ちょっと火傷したところにもつけたら、塗った瞬間から治りだすのがわかるんです。日焼けに関しては、他の何人からも言われてます。あと僕の妻が、食器洗いでの手荒れがひどかったんです、パリパリに割れちゃって。で、あのスプレーをかけてみたら、ひび割れがまず良くなった。そして握手してみて触った時のガサガサ感が、まったくなくなりました」

正博「私がインプラントの手術をした後痛みがひどくて、そのスプレーになる前の、防腐剤が入ってない濃厚な状態のものをつけてみたら、やはり痛みが引いたんです」

――確かに化粧品の世界では美白効果があると認められていますが、ヒリヒリ感や痛みなどの状態にも効くのは本当に不思議ですね。

文晴「なので医学、健康などに利用できるぞという手ごたえは感じていますが、何しろエビデンスの数が少ないので、僕が臨床という立場で実際に使ってみながら、エビデンスを積み重ねていきたい**と今は考えています。麹が作り出すものがあまりにも多種多様なので、〝麹の中の何がどうなるからこういう風に効く〟というような、〝AがBで、Cになる〟と証明するのはかなり難しいし時間もかかる。なので、麹を飲ませるとこうなる、という臨床経験を積み重ねていく方をやっていきたいですね」

正博「そうなんです、**〝AがBで、Cになる〟という理論は、麹に関しては通用しないんです。なぜかというと、麹が主役ではないから**。麹を食べることによって腸内環境が変わり、変わったことによっていろいろな良い作用が出てくる。本編でも紹介していますが、ブロイラーのエサに麹を混ぜると、ストレス抑制作用のあるブトキシブチルアルコールという物質が発見されます。だから素直に考えれば、麹がブトキシブチルアルコールを作っているんだろう、と思う。ところが調べてみると、まったく作っていない。わけがわからない。とはいえ通常のエサの時にはブトキシブチルアルコールは出ないから、麹が関係していることは間違いない。でも麹は主役じゃない。多分麹が腸内に入ると、なぜか1千種類近くある菌の中から別の主役が現れて、バババっとブトキシブチルアルコールを作っているんだと思います。主役を呼ぶ環境を麹が作っている。酪酸も同じ。だから、**麹の作用は〝共生作用〟だと思うんです**」

文晴「そこが、研究者から見るとこれほど手ごわい相手はいないんですよね。特徴が〝共生作用〟だからこそ、わかりにくい」

正博「手ごわいよな(笑)。私の大学での恩師(この方は発酵の世界では有名な先生ですが)も『これからは共生の時代だ』とおっしゃって、某私立大学で10年間研究をされましたが、退官時に『**なかなか共生は、学者にとってはやっかいなも**

のです、あちらを立てればこちらが立たずで』とおっしゃってました。そんな共生世界のヒーローが、麹なんですね」

行き詰まっていた時にふと聞こえた、神様からの教え

――おふたりとも他の人が突き詰めて研究していないことを研究していらっしゃるわけですが、失敗や挫折された経験はありますか？

文晴「僕はまだ学んでる最中ですから、あるとは言えません。失敗や挫折をする前に、まだまだ勉強中というところで。やればやるほど、わかりにくい、結果を出しにくい相手なんだなと実感しているところですね」

正博「私は実は根性があるので（笑）、投げだしたいと思ったことは一度もないんです。ただ**本当に苦労したのは、焼酎廃液を麹で発酵させるという、私にとって今の研究の大本になる研究をしていた時**ですね。発酵を始めると、麹を大好きなやつがたくさんいるので、いろんな菌が入ってきちゃうんですよ。中でも最もやっかいなのが、お酢を作る酢酸菌。酢酸菌はすさまじい殺菌力で強いので、麹についてしまったらもうどうしようもないんです。お酢で麹が殺されてしまって、発熱しなくなってしまった。これは産業廃棄物ですから、お金を払って捨てる。そしてもう一度きれいな状態から始めようとするのですが、一度酢酸菌が生えてしまうと救えないんです。何度やってもダメで、もうギブアッ

プかなというところまでいきました。で、ちょうどその頃に家族の恒例行事で伊勢神宮に行ったんですね。で、お伊勢さんで手を合わせてる時にふっと、『油をかけたらどうだ？』って声が聞こえたんですよ。麹が油を食べるというのはわかっていたので、すぐ会社の社員に連絡し、レストランの廃油をかけろと指示しました。そしたら翌日電話が来まして、『社長！　温度が返ってきました！』って。多分、酢酸菌が油を嫌うんだと思いますが、それ以来安定して発酵できるようになったんですよ。神様が教えてくれたんです」

文晴「それは父がなんだかんだ言って、すさまじい努力をしてますからね。そこに至るまでに。それを誰かが見てるんじゃないかと」

正博「誰にでもわかりやすい、単純な仕組みの物なら誰でもとっくにやっているんです。**今までにない新しい物を作るには、偶然の積み重ねしかない**。でも偶然が発生する確率って極めて低いです。しかしその偶然、たまたま、がなぜかある人に集中することがあります。選ばれているのか選んでいるのかわかりませんが、私が〝油をかける〟という発想を持ったのも、自分で考えたのではない。教えていただいた、下りてきたんです。**今、現代科学が限界に来ていて、そんな中で新しい発見をしたいのであれば、何かブレイクスルー、または第六感のような物が必要**。私は神様が教えてくれると思っていますが、そういう力もないと発見できないこともきっとたくさんあると思います。**麹という、一**

筋縄ではいかない存在に関わっていくと、またそういう場面が来るのではないかな」

麹菌はカビの仲間なのに毒性がない、という不思議

——今回麹についての様々なことを知る中で、一番の驚きは、毒性のカビの仲間なのになぜか麹菌は毒性を持っていない、ということでした。一体なぜなのか、おふたりそれぞれのお考えを伺いたいのですが。

正博「私の考えは、きわめて非科学的な話になります。日本の麹はアスペルギルス族ですが、毒性を出す遺伝子が見事に、その部分が欠損していたり、それを発現させるために必要なイニシエーターの部分がなかったりする。そのことを普通の科学者の間では、良い菌を集めているうちに、そういう菌だけが残ったんだろう、と考えているようですが、毒性のある菌ばかり扱っていたら集める人は死んでしまいます。それに日本では何千年も昔にお酒を造り始めていますが、その頃には今のような科学者はいません。選別できる人なんていないんです。私はそうではなく、**今の人類よりひとつ前に、非常に高度な文明が存在していて、その文明は滅びてしまったけれども、そのとき開発された技術で次の世代を救うために残されたのが、この麹だと思っているんです。大いなるロマンではありますけれどね（笑）**。そうでも考えないと、この麹について頭の中で理解できません。なぜっ

て**麴は何がすごいかというと、人間にだけ有効なわけじゃなく、廃棄物を有効に使える物に変えることができる、土壌回復にも役に立つ**。地球にとっての腸内環境って、土壌ですよね。そこを改善する、と考えると、古代文明が現代人に残してくれた物なんじゃないかと。『きっとまた同じようなことをお前たちはやるから、この麴を使ってよくしなさい』ってね。科学者的な意見ではありませんが（笑）」

文晴「この壮大な話の後に意見を言うのはおこがましいですが（笑）、僕もこの麴は、実際に人間の手によって作られた物じゃないか？　という風にちょっと思っています。なぜかというと、麴だけでなく、アスペルギルスの他の種類のカビ、肺炎を起こすようなカビも、日本に昔からいるわけです。で、もし麴菌が人と共生するために、毒素を出さないように進化していったという風に考えるのなら、他のアスペルギルスもそうなっていったっておかしくないはずです。ところがそうはなっていない。ということは、初めから違う物として作られたのではないか。**元々の毒性の高い物から、毒性だけを除いて作られた、という可能性は、十分に考えられるのではないかと思っています**。そもそも今の遺伝子組み換え技術というものは、カビの酵素を使っていたり、レトロウイルスというウイルスを使って行っています。自然界にいるモノ、そこにあるモノを使って実験しているわけです。ウイルスやカビが元々持っているシステムを使って、遺伝子は改変できるんです。昔の別の文明があった時に、そこにいた人がそれをできなかった、とは僕には思えません。だから何世代前かわかりませんが、**過去の時代にバイオが発達していて、その研究の過程の中で麹が生まれたという可能性はあると思います**。なぜなら、もっと全体的に変わっているならまだしも、毒性の部分だけがピンポイントで変わっているのっておかしな話なので。昔の人が知らず知らずのうちに毒性部分を取り除いた可能性があるなと。古代の遺産、という可能性ですね」

正博「それを日本では、お酒と食べ物として使って長い間伝えてきた、ということですよね。それを私は、さらに広げていきたいと思っているわけです」

麹で世界を救い、希望のある未来をひらく

――では最後になりますが、麹とはおふたりにとってどんな存在でしょうか？

正博「**私は麹は世界を救う存在だと思っています。最近は、自分はその使命のために生まれてきたんだな、と信念が生まれ始めました**。この本でご紹介したようなことはもちろんですが、今私は、自分の生まれた鹿児島の大隅半島の土壌を懸念しています。大隅半島では現在、東京都民が出す年間の便の量と同量の窒素を、牛と豚で出しているんです。そうすると硝酸態窒素という発がん性のある窒素がどんどん地下に浸透していってしまい、かなりの範囲の大隅の地

下水は飲めなくなっています。だから私は調べましたが、麹は硝酸態窒素も食べます。硝酸態窒素を入れて麹を培養すると、麹はそれを体内に取り入れて、菌体タンパクに変えるんです。まだ研究途中ですが、これで大隅半島の問題を解決したいと考えていますよ」

文晴「父ほど色々と壮大ではないですが（笑）、**僕は医療現場で普通に麹菌が使えるようになってほしいと思っているし、なるのではないか、と思っています。**今整腸剤としてポピュラーな、乳酸菌、ビフィズス菌と並んで、麹菌が入るようになるのではないかと。最近便移植の話もだいぶメジャーになってきましたが、僕はそんな便移植なんかしなくても、**麹菌を摂ることで、その人にとって一番バランスのよい状態を、麹が勝手に作ってくれるような気がしています。**もちろん元々麹菌を摂っている人は変わらない場合もあるかもしれません。ですが、黒麹や白麹を日常的に摂っている方はまだ少ないと思いますし、実際臨床試験を行った時に、たった1か月で全員の制御性T細胞が増え、腸内環境は有意差を持って変化した、ということを考えると、特に白麹は、普段麹を摂っている人にも摂っていない人にも同じように働いてくれるんだと思います。また、髪の毛が生えてきたり、傷口が早く治ってきたりするということは、**麹の力によって元の細胞たちが元気になっているということです。その特徴を、手術の現場などでも応用していけたら面白いだろうな、と思っています**」

正博「そんな風に**麹に色々な力があるんだから、これからもっといろんな分野の人たち、研究者たちが参入してきてくれて、日本人で麹の研究を先へ進めてほしいですね**。ある段階まで来ると、結果だけを見た欧米人たちに技術を取られちゃう可能性が高い。でもそれじゃもったいなさすぎます。やっぱり日本で育ててきた麹の技術ですから、日本人発信で進めていきたい。今はまだ私は孤軍奮闘だけれど、**だんだんこの麹を理解する研究者が増えてくれれば、日本が世界に誇れるのは麹だ、という時代が来るのではないでしょうか。というか、ぜひとも来てほしいですね**」

――麹が活躍する未来は、とても明るい展望が感じられますね。

正博「もちろん。世界を救う存在ですからね(笑)。この本では紹介しきれていませんが、例えば麹を使って宇宙食を作れるのではないか？とか、人工的な砂糖ではなくナチュラルな糖分の含まれた、幼児用の健康食品を作れないか？逆に、高齢者用の健康食品も作れるのでは？などなど、アイデアはたくさんあります。まだ詳細は明かせないのですが、ある大学との研究で白麹を使ったサプリメントに妊活作用があることがわかっており、マウスでの実験では精子数が増えたり、遺伝子異常を起こした精子を修復するという驚くべき結果も出ています。**多くの医学者の方、科学者の方たち、ぜひもう一度麹に注目してください。麹はまったく終わってなんかいないんですよ**」

PROFILE

山元正博

やまもと・まさひろ●農学博士。(株)源麹研究所会長。鹿児島県で100年続く麹屋の３代目として生まれる。東京大学農学部から、同大学院修士課程（農学部応用微生物研究所）修了。卒業後、(株)河内源一郎商店に入社。1990年に観光工場焼酎公園「ＧＥＮ」を開設。チェコのビールを学び、1995年に誕生させた「霧島高原ビール」は、クラフトビールブームの先駆けに。1999年「源麹研究所」を設立。食品としてだけでなく、麹を利用した食品残渣の飼料化や畜産に及ぼす効果などの研究を続け、環境大臣賞も受賞している。

山元文晴

やまもと・ぶんせい●医師。山元正博を父に持つ、鹿児島の麹屋の４代目。東京慈恵会医科大学医学部卒業。独立行政法人国立病院機構 鹿児島医療センターで臨床研修医として、鹿児島大学医学部 外科学第二講座では心臓血管外科、消化器外科を専門として従事する。医師として患者さんに向き合う中で医療における麹の可能性に気づき、故郷に戻り錦灘酒造株式会社に入社。その後、東海大学大学院医学研究科先端医科学専攻博士課程を修了、医学博士号を取得し、現在に至る。麹が体に及ぼす働きの臨床例を増やすため、研究中。

麹親子の

発酵はすごい!

2020年12月14日　第1刷発行
2021年4月14日　第2刷

著　者｜山元正博、山元文晴
発行者｜千葉　均
編　集｜碇　耕一
発行所｜株式会社ポプラ社
〒102-8519
東京都千代田区麹町4-2-6
一般書ホームページ
www.webasta.jp
印刷・製本｜中央精版印刷株式会社

N.D.C.588 ／ 190p ／ 19㎝　ISBN978-4-591-16843-1